T0209394

essentials

essentials liefern aktuelles Wissen in konzentrierter Form. Die Essenz dessen, worauf es als „State-of-the-Art" in der gegenwärtigen Fachdiskussion oder in der Praxis ankommt. *essentials* informieren schnell, unkompliziert und verständlich

- als Einführung in ein aktuelles Thema aus Ihrem Fachgebiet
- als Einstieg in ein für Sie noch unbekanntes Themenfeld
- als Einblick, um zum Thema mitreden zu können

Die Bücher in elektronischer und gedruckter Form bringen das Expertenwissen von Springer-Fachautoren kompakt zur Darstellung. Sie sind besonders für die Nutzung als eBook auf Tablet-PCs, eBook-Readern und Smartphones geeignet. *essentials:* Wissensbausteine aus den Wirtschafts-, Sozial- und Geisteswissenschaften, aus Technik und Naturwissenschaften sowie aus Medizin, Psychologie und Gesundheitsberufen. Von renommierten Autoren aller Springer-Verlagsmarken.

Weitere Bände in der Reihe http://www.springer.com/series/13088

Rudolf P. Huebener

Geschichte und Theorie der Supraleiter

Eine kompakte Einführung

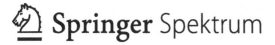

Rudolf P. Huebener
Universität Tübingen
Tübingen, Deutschland

ISSN 2197-6708   ISSN 2197-6716   (electronic)
essentials
ISBN 978-3-658-19382-9   ISBN 978-3-658-19383-6   (eBook)
DOI 10.1007/978-3-658-19383-6

Die Deutsche Nationalbibliothek verzeichnet diese Publikation in der Deutschen Nationalbiblio-
grafie; detaillierte bibliografische Daten sind im Internet über http://dnb.d-nb.de abrufbar.

Springer Spektrum
© Springer Fachmedien Wiesbaden GmbH 2017

Gedruckt auf säurefreiem und chlorfrei gebleichtem Papier

Springer Spektrum ist Teil von Springer Nature
Die eingetragene Gesellschaft ist Springer Fachmedien Wiesbaden GmbH
Die Anschrift der Gesellschaft ist: Abraham-Lincoln-Str. 46, 65189 Wiesbaden, Germany

Für Christoph

Danksagung

Der Autor dankt Benedikt Ferdinand und Matthias Rudolph für Computerunterstützung und Silvia Haindl für Literaturhinweise zu Kap. 10 und 11.

Inhaltsverzeichnis

Über den Autor

Prof. em. Rudolf P. Huebener erhielt 1992 für seine wissenschaftlichen Arbeiten den Max-Planck-Forschungspreis und 2001 den Cryogenics-Preis. Er studierte Physik und Mathematik an der Universität Marburg sowie an den Technischen Hochschulen München und Darmstadt. 1958 promovierte er in Marburg im Fach Experimentalphysik. Nach einer Tätigkeit im Forschungszentrum Karlsruhe und einem Forschungsinstitut bei Albany, New York, USA arbeitete er 12 Jahre am Argonne National Laboratory bei Chicago, Illinois. 1974 übernahm er einen Lehrstuhl für Experimentalphysik an der Universität Tübingen. Dort lehrte und forschte er bis zu seiner Emeritierung im Jahr 1999.

Die Entdeckung: Kamerlingh Onnes in Leiden

In den letzten Jahren des 19. Jahrhunderts baute Heike Kamerlingh Onnes in Leiden ein Labor für Tieftemperatur-Experimente auf, das schon bald zur weltweiten Spitze auf diesem Gebiet aufrückte. Kamerlingh Onnes interessierte sich für die thermodynamischen Eigenschaften von Gasen und Flüssigkeiten bei tiefen Temperaturen. Hierbei war er durch die Forschungsarbeiten von Johannes Diderik van der Waals an der Universität von Amsterdam inspiriert. Dieser hatte 1880 sein Gesetz der korrespondierenden Zustände publiziert.

Bei der Erzeugung von tiefen Temperaturen und der damit verbundenen Verflüssigung von Gasen war damals ein Wettkampf zwischen mehreren Laboratorien in Europa ausgebrochen. Ein wichtiger Anstoß für die in großem Umfang erfolgende Verflüssigung von Gasen war 1895 die Ankündigung der Anwendung des Joule-Thomson-Effekts durch Carl von Linde in Deutschland und William Hampson in England. Der Joule-Thomson-Effekt bewirkt bei einer isenthalpischen Entspannung von Gasen eine geringe Temperaturabsenkung. Im selben Jahr konnte von Linde zum ersten Mal flüssige Luft herstellen, indem er den Joule-Thomson-Effekt mit dem schon 1857 von Werner Siemens vorgeschlagenen Gegenstrom-Wärmetauscher kombinierte. Bei diesem Linde-Verfahren wird die hoch komprimierte Luft im Wärmetauscher beim Durchströmen durch das zurückfließende Gas zusätzlich abgekühlt, bis seine Kondensationstemperatur erreicht ist. Dieses Verfahren bildet auch das Grundprinzip bei der Verflüssigung von Neon, Wasserstoff und zuletzt auch Helium in dem Bestreben, noch tiefere Temperaturen zu erreichen.

Am 09./10. Juli 1908 war es dem Team von Kamerlingh Onnes zum ersten Mal gelungen, Helium als das letzte verbliebene Edelgas zu verflüssigen und so den damaligen Rekordwert von 4 K ($-269\,^\circ$C) bei tiefen Temperaturen zu erzielen. Im Jahr 1911 machte Kamerlingh Onnes dann beim Abkühlen eine erstaunliche Entdeckung: Unterhalb einer bestimmten Temperatur verschwindet der elektrische

© Springer Fachmedien Wiesbaden GmbH 2017
R.P. Huebener, *Geschichte und Theorie der Supraleiter*, essentials,
DOI 10.1007/978-3-658-19383-6_1

Widerstand bestimmter Metalle vollständig und kann experimentell nicht mehr nachgewiesen werden. Zum ersten Mal war das Phänomen der „Supraleitung", wie es anschließend genannt wurde, beobachtet worden. Am 28. April 1911 berichtete Kamerlingh Onnes zum ersten Mal hierüber an die Akademie in Amsterdam.

Nachdem Kamerlingh Onnes einen deutlich tieferen Temperaturbereich erschlossen hatte, als es bis dahin möglich gewesen war, interessierte er sich unter anderem für die Frage, wie sich der elektrische Widerstand von Metallen bei diesen tiefen Temperaturen verhält. Damals gab es drei Voraussagen darüber, wie sich der Widerstand bei tiefen Temperaturen mit abnehmender Temperatur verändert: 1) Der Widerstand nimmt ab und erreicht den Wert null, 2) er bleibt konstant, 3) er steigt wieder an. Für genaue Messungen erschien Quecksilber besonders günstig, da es aufgrund seines niedrigen Schmelzpunktes verhältnismäßig leicht mit hohem Reinheitsgrad hergestellt werden kann. Die Messungen sollten nämlich so wenig wie möglich durch Verunreinigungen gestört werden. Deshalb wurde für die Messungen eine dünne Glaskapillare verwendet, die mit Quecksilber gefüllt war. Am 8. April 1911 beobachtete Heike Kamerlingh Onnes mit seinem Team, wie der elektrische Widerstand der Probe mit abnehmender Temperatur abnahm. Als die Temperatur aber schließlich 4 K erreichte, zeigte die Kurve einen scharfen Knick, und der Widerstand fiel auf einen unmessbar kleinen Wert (Abb. 1.1).

Nachdem die Supraleitung in Quecksilber entdeckt worden war, wurde sie auch in anderen Metallen sowie in Legierungen und in metallischen Verbindungen gefunden. Zu den ersten gefundenen supraleitenden Metallen zählen neben Quecksilber: Aluminium, Blei, Indium, Zink und Zinn.

Als Kamerlingh Onnes schon bald der Frage nachging, ob sich die Supraleitung auch bei hohen elektrischen Strömen für die Energiewirtschaft technisch nutzen lässt, musste er feststellen, dass das von den Strömen erzeugte Magnetfeld für die Supraleitung sehr schädlich ist. Neben der kritischen Temperatur T_C, die nicht überschritten werden darf, existiert auch ein kritisches Magnetfeld H_C, oberhalb dessen die Supraleitung verschwindet. Die Temperaturabhängigkeit des kritischen Magnetfelds $H_C(T)$ ist in Abb. 1.2 gezeigt: Von dem Wert null bei $T = T_C$ steigt das kritische Magnetfeld mit abnehmender Temperatur an und erreicht bei $T = 0$ seinen Maximalwert.

Das sog. *magnetische Eigenfeld* eines elektrischen Stroms hat die gleiche Wirkung wie ein durch eine äußere Magnetspule erzeugtes Magnetfeld. In der Literatur wird dieser Zusammenhang als *Silsbee'sche Regel* bezeichnet. Neben den kritischen Größen T_C und H_C existiert somit auch eine kritische elektrische Stromdichte I_C, die nicht überschritten werden darf, wenn die Supraleitung aufrechterhalten werden soll.

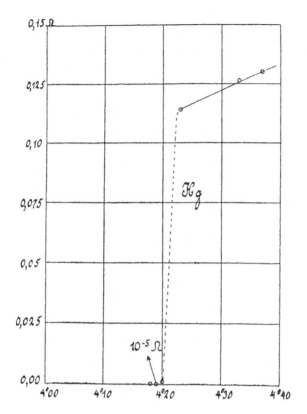

Abb. 1.1 Entdeckung der Supraleitung. Elektrischer Widerstand in Ohm einer Quecksilber-Probe, aufgetragen in Abhängigkeit von der Temperatur in Kelvin. (H. Kamerlingh Onnes)

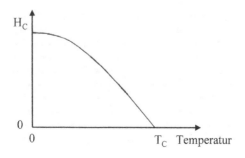

Abb. 1.2 Temperaturabhängigkeit des kritischen Magnetfelds H_C. (schematisch)

Walther Meissner und die Physikalisch-Technische Reichsanstalt in Berlin

In der Physikalisch-Technischen Reichsanstalt in Berlin hatte man sich damals ebenfalls für die Materialeigenschaften bei tiefen Temperaturen interessiert. Im Jahr 1913 wurde Walther Meissner von Emil Warburg, dem Präsident der Reichsanstalt, beauftragt, eine Wasserstoffverflüssigungsanlage aufzubauen. Vor seinem Physikstudium hatte Meissner schon ein Studium als Maschinenbau-Ingenieur absolviert, sodass er für diese Aufgabe gut geeignet war. Zu Beginn des Jahres 1913 konnte er einen verbesserten, auf einer Konstruktion von Walther Nernst basierenden Verflüssiger in Betrieb nehmen. Meissner befasste sich damals vorwiegend mit elektrischen Widerstandsmessungen bei tiefen Temperaturen.

Der Ausbruch des Ersten Weltkriegs im Jahr 1914 führte zu einer deutlichen Unterbrechung der physikalischen Grundlagenforschung in vielen Ländern, und so auch in der Berliner Reichsanstalt. Anschließend, in den Jahren 1918–1922, beschäftigte sich Meissner besonders mit der Vergrößerung der Wasserstoffverflüssigungsanlage und schon ab 1920 zunehmend mit der Möglichkeit für die Einrichtung einer Anlage zur Verflüssigung von Helium. Seine Pläne und Entwürfe konnten in der Zeit 1922–1924 realisiert werden. Am 7. März 1925 wurde in der Reichsanstalt zum ersten Mal Helium verflüssigt. Dabei wurden etwa 200 cm^3 flüssiges Helium erhalten. Weltweit war die Reichsanstalt der dritte Platz, an dem mit flüssigem Helium experimentiert werden konnte, nach Leiden als erstem und ab 1923 Toronto in Kanada als zweitem Platz. Als Mitglieder des Kuratoriums der Reichsanstalt hatten sich damals Carl von Linde und Wilhelm Conrad Röntgen nachdrücklich für die Einrichtung eines Tieftemperatur-Laboratoriums eingesetzt.

Man hört, dass Walther Meissner 10 Jahre lang seine Messungen mit nur 0.3 L an flüssigem Helium durchgeführt hat. Bevor er auftrat, waren fünf supraleitende Elemente bekannt: Blei, Quecksilber, Zinn, Thallium und Indium. 1928 entdeckte Meissner ein weiteres supraleitendes Element: Tantal mit einer kritischen Temperatur von

© Springer Fachmedien Wiesbaden GmbH 2017
R.P. Huebener, *Geschichte und Theorie der Supraleiter,* essentials,
DOI 10.1007/978-3-658-19383-6_2

4,4 K. Während der anschließenden beiden Jahre entdeckte er Supraleitung noch in Thorium, Titan und Niob sowie in einer Reihe von Verbindungen und Legierungen.

Während seiner Amtszeit 1922–1924 als Präsident der Reichsanstalt hatte der für seinen Weitblick bekannte Walther Nernst erkannt, dass die experimentellen Physiker der Reichsanstalt Unterstützung durch einen Theoretiker gut gebrauchen konnten. So gelang es Nernst, hierfür Max von Laue zu gewinnen, der am 24. März 1925 sein Amt als theoretischer Physiker in der Reichsanstalt antrat (einen Tag in der Woche neben seiner Lehrtätigkeit an der Universität Berlin). Von Laue interessierte sich damals für die Supraleitung und besonders für ihre magnetischen Eigenschaften. Zu Walther Meissner hielt er engen Kontakt und überredete ihn im Jahr 1933, ein angelegtes Magnetfeld in der Nähe der Oberfläche eines Supraleiters beim Übergang von der Normalleitung zur Supraleitung genau zu vermessen. Bei der Finanzierung eines zusätzlichen Mitarbeiters für diese Experimente aus einem damaligen Förderprogramm für arbeitslose junge Wissenschaftler konnte von Laue als Gutachter ebenfalls helfen.

So kam es, dass Walther Meissner und sein Mitarbeiter Robert Ochsenfeld im Jahr 1933 eine höchst folgenschwere Entdeckung machten: Im supraleitenden Zustand verschwindet ein Magnetfeld im Innern des Supraleiters, indem es von dort herausgedrängt wird. Seither wird dieses Phänomen als Meissner-Ochsenfeld-Effekt (oft auch kurz als Meissner-Effekt) bezeichnet (Abb. 2.1). Somit verhält sich ein Supraleiter (unterhalb des kritischen Magnetfelds $H_C(T)$) wie ein perfekter Diamagnet.

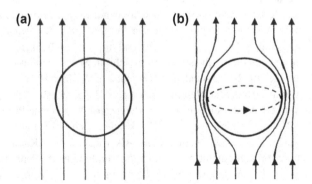

Abb. 2.1 Meissner-Ochsenfeld-Effekt. **a** Der kugelförmige Supraleiter wird im Normalzustand oberhalb seiner kritischen Temperatur von dem äußeren Magnetfeld durchsetzt. **b** Unterhalb der kritischen Temperatur verdrängt der Supraleiter das Magnetfeld vollständig aus seinem Innern, solange das kritische Magnetfeld nicht überschritten wird. Die Feldverdrängung erfolgt durch elektrische Ströme, die an der Oberfläche um den Supraleiter verlustfrei herumfließen und das Innere des Supraleiters gegen das Magnetfeld abschirmen

Die Existenz des Meissner-Ochsenfeld-Effekts erlaubt eine wichtige Schlussfolgerung: Der supraleitende Zustand ist ein thermodynamischer Gleichgewichts-
zustand. Somit ist der Zustand unabhängig von dem Weg, der zu ihm geführt hat.
Bei der Änderung des Magnetfelds und/oder der Temperatur muss am Ende nur
gelten: $T < T_C$ und $H < H_C(T)$.

Als Erste haben Cornelis Jacobus Gorter und Hendrik Brugt Gerhard Casimir 1934 diese grundlegende Bedeutung des Meissner-Ochsenfeld-Effekts
erkannt. In Abb. 2.2 wird ihre Schlussfolgerung erläutert. Der Punkt c markiert
den supraleitenden Zustand unterhalb der kritischen Temperatur T_C und des kritischen Magnetfelds $H_C(T)$. Unendliche elektrische Leitfähigkeit ohne Existenz
des Meissner-Ochsenfeld-Effekts würde auf dem Weg a→b→c den Zustand mit
$B = 0$ ergeben, während der Weg a→d→c den Zustand mit $B \neq 0$ von Punkt
d liefert. Nur die Existenz des Meissner-Ochsenfeld-Effekts stellt sicher, dass
immer der Zustand mit $B = 0$ (perfekter Diamagnetismus) erreicht wird (unabhängig von dem zurückgelegten Weg). Hierbei wird allerdings angenommen, dass
der Supraleiter perfekte Reversibilität zeigt und dass keine Haftkräfte den magnetischen Fluss im Innern des Supraleiters festhalten. Max von Laue hat später
die Entdeckung des Meissner-Ochsenfeld-Effekts als einen Wendepunkt in der
Geschichte der Supraleitung bezeichnet.

Auf der Grundlage des Meissner-Ochsenfeld-Effekts lässt sich ferner der
Energieunterschied zwischen dem normalen (nicht supraleitenden) und dem
supraleitenden Zustand genau berechnen, wie Gorter und Casimir auch als Erste
erkannt haben. Wir wollen ihren Gedankengang kurz erläutern. In Anwesenheit
eines Magnetfelds H beträgt die Dichte G_s der freien Gibbs-Energie im supraleitenden Zustand

$$G_s(T, H) = G_s(T, 0) - \int_0^H M(H)\, dH. \tag{2.1}$$

Abb. 2.2 Unabhängigkeit
des supraleitenden Zustands
vom Weg. Aufgrund des
Meissner-Ochsenfeld-Effekts
wird auf den beiden Wegen
a→d→c und a→b→c am
Punkt c der Endzustand mit
$B = 0$ erreicht

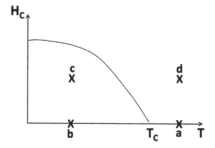

Hier ist M(H) die Magnetisierung. Im Fall des perfekten Diamagnetismus aufgrund des Meissner-Ochsenfeld-Effekts gilt

$$M(H) = -\frac{1}{4\pi}H. \tag{2.2}$$

$\int_0^H M(H)\, dH$ in (2.1) enthält die bei der Verdrängung des Magnetfelds geleistete Arbeit. Zusammen mit (2.2) ergibt sich

$$G_s(T, H) = G_s(T, 0) + \frac{1}{8\pi}H^2. \tag{2.3}$$

Im Gleichgewicht gilt aber bei $H = H_C(T)$: $G_n(T, H_C) = G_s(T, H_C)$ sowie $G_n(T, H_C) = G_n(T, 0)$. Der Unterschied zwischen der Energiedichte im normalen (G_n) und im supraleitenden Zustand beträgt daher im Fall $H = H_C$

$$G_n(T, 0) - G_s(T, 0) = \frac{1}{8\pi}H_C^2(T). \tag{2.4}$$

Für einen typischen Wert der kritischen magnetischen Flussdichte $B_C = 10^{-2}$ Tesla ergibt sich der Unterschied der Energiedichte von 398 erg/cm^3 = $2{,}49 \cdot 10^{14}$ eV/cm^3. Es ist dieser sehr kleine Wert des Energieunterschieds im Bereich von nur wenigen meV pro Elektron, der die theoretische Erklärung der Supraleitung lange Zeit verzögert hat.

Die Verdrängung des Magnetfelds beim Meissner-Ochsenfeld-Effekt erfolgt durch elektrische Abschirmströme, die entlang der Oberfläche des Supraleiters fließen. Sie erzeugen ein Magnetfeld, das dem ursprünglich vorhandenen Magnetfeld genau entgegengerichtet ist und es exakt kompensiert. Damit dieser Zustand beliebig lange bestehen kann, müssen diese „Abschirmströme" ohne elektrischen Widerstand fließen. Supraleitung ist somit erforderlich. (In normalen, nicht supraleitenden Metallen bleibt nur noch der sog. elektromagnetische Skin-Effekt).

Die besondere Bedeutung des Meissner-Ochsenfeld-Effekts erkennen wir daraus, dass die verlustfrei fließenden Abschirmströme als notwendige Folge das Phänomen der Supraleitung erfordern. Der umgekehrte Schluss, dass aus dem Verschwinden des elektrischen Widerstands die Existenz des Meissner-Ochsenfeld-Effekts folgt, ist aber nicht zulässig. Daher ist der Meissner-Ochsenfeld-Effekt für die Supraleitung der entscheidende „Fingerabdruck".

London Theorie, magnetische Eindringtiefe, Zwischenzustand

3

Eine erste phänomenologische Theorie der Supraleitung und des Meissner-Ochsenfeld-Effekts stammt von den Brüdern Fritz und Heinz London aus dem Jahr 1935. Insbesondere liefert ihre Theorie einen Wert für die sog. magnetische Eindringtiefe, innerhalb der die elektrischen Abschirmströme entlang der Oberfläche des Supraleiters fließen und das Magnetfeld im Supraleiter noch besteht. Die magnetische Eindringtiefe bezeichnen wir im Folgenden mit dem Symbol λ_m.

Die Brüder Fritz und Heinz London hatten als Juden nach der Regierungsübernahme durch die Nationalsozialisten Deutschland verlassen müssen und fanden zunächst in England Aufnahme. Am Clarendon Laboratory in Oxford trugen sie dann (zusammen mit weiteren Emigranten aus Deutschland) dazu bei, dass Oxford eine internationale Spitzenposition auf dem Gebiet der Physik bei tiefen Temperaturen erzielte.

Für eine kurze Beschreibung der London Theorie beginnen wir mit der Gleichung der auf ein Elektron im elektrischen Feld $\mathbf{E}$ wirkenden Kräfte

$$m\frac{\partial \mathbf{v_s}}{\partial t} = (-e)\,\mathbf{E} \tag{3.1}$$

In (3.1) wurde ein dissipativer Beitrag vernachlässigt. Die supraleitende Stromdichte

$$\mathbf{j_s} = (-e)\,n_s\,\mathbf{v_s} \tag{3.2}$$

liefert die Beziehung

$$\mathbf{E} = \left[m/\left(e^2\,n_s\right)\right]\frac{\partial \mathbf{j_s}}{\partial t} = \mu_o\lambda_m^2\frac{\partial \mathbf{j_s}}{\partial t}. \tag{3.3}$$

In Gl. (3.3) haben wir die magnetische Eindringtiefe λ_m eingeführt, die durch

$$\lambda_m^2 = m/\left(\mu_o\,n_s\,e^2\right) \tag{3.4}$$

© Springer Fachmedien Wiesbaden GmbH 2017
R.P. Huebener, *Geschichte und Theorie der Supraleiter,* essentials,
DOI 10.1007/978-3-658-19383-6_3

gegeben ist. Hier ist m die Masse, n_s die Dichte und v_s die Geschwindigkeit der supraleitenden Elektronen. μ_0 bezeichnet die magnetische Feldkonstante.

Da der supraleitende Abschirmstrom ein äußeres Magnetfeld genau kompensiert, ergibt sich aufgrund der Maxwell-Gleichung

$$\text{rot}\,\mathbf{H} = \mathbf{j} \qquad (3.5)$$

in guter Näherung die maximale Dichte j_s des Abschirmstroms

$$j_s = H_C / \lambda_m. \qquad (3.6)$$

Andererseits liefert die Maxwell-Gleichung ($\mathbf{B}$ = magnetische Flussdichte)

$$\text{rot}\,\mathbf{E} = -\frac{\partial \mathbf{B}}{\partial t} \qquad (3.7)$$

zusammen mit (3.3)

$$\mu_0\,\lambda_m^2 \text{rot}\left(\frac{\partial \mathbf{j_s}}{\partial t}\right) + \frac{\partial \mathbf{B}}{\partial t} = 0. \qquad (3.8)$$

Indem Fritz und Heinz London in (3.8) die Zeitableitung unterdrückt haben, postulierten sie eine neue Gleichung

$$\mu_0\,\lambda_m^2 \text{rot}\,\mathbf{j_s} + \mathbf{B} = 0. \qquad (3.9)$$

Die Maxwell-Gleichung (3.5) und die Beziehung rot rot $\mathbf{x}$ = grad div $\mathbf{x} - \Delta\,\mathbf{x}$ ergibt schließlich

$$\Delta \mathbf{H} = \frac{1}{\lambda_m^2}\mathbf{H} \qquad (3.10)$$

mit der Lösung

$$\mathbf{H}(x) = \mathbf{H}(0)\exp\left(-x/\lambda_m\right). \qquad (3.11)$$

In Abb. 3.1 zeigen wir den Verlauf des Magnetfelds H_0 und der Dichte n_s der supraleitenden Elektronen in der Umgebung der Grenzfläche zwischen einem Normalleiter (N) und einem Supraleiter (S). Hier haben wir die Geometrie eines Supraleiters angenommen, dessen x-Koordinate von der Oberfläche bei $x = 0$ *nach links* in das Innere des Supraleiters verläuft und der den (linken) Halbraum $x > 0$ ausfüllt. Das Magnetfeld $\mathbf{H}$ ist senkrecht zur x-Richtung angenommen.

Inzwischen sind die Gl. (3.3) und (3.9) als erste und zweite London-Gleichung bekannt. Sie kennzeichnen Supraleiter im Unterschied zu anderen Materialien. Physikalisch bedeutet (3.11), dass ein äußeres Magnetfeld im Inneren eines

Abb. 3.1 Abhängigkeit der Dichte der supraleitenden Elektronen, n_s, und des Magnetfelds H vom Abstand von der Grenzfläche zwischen einem normalen (N) und einem supraleitenden (S) Gebiet. Die x-Koordinate verläuft im Supraleiter von der Oberfläche bei x = 0 *nach links* in das Innere des Supraleiters

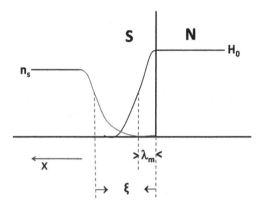

Supraleiters exponentiell abfällt, wobei der Abfall innerhalb einer Oberflächenschicht von der Dicke λ_m erfolgt. Im Grenzfall $T \to T_C$ ergibt sich $n_s \to 0$ und deshalb $\lambda_m \to \infty$.

Typische Werte der magnetischen Eindringtiefe liegen im Bereich $\lambda_m = 40-60\,\text{nm}$. Als eine wichtige materialspezifische räumliche Länge spielt die magnetische Eindringtiefe bei vielen Eigenschaften der Supraleiter eine Rolle.

Nachdem die London-Theorie die fundamentale Bedeutung der magnetischen Eindringtiefe bei Supraleitern etabliert hat, wies der Engländer Alfred Brian Pippard im Jahr 1950 zum ersten Mal darauf hin, dass die supraleitende Eigenschaft sich räumlich nicht beliebig abrupt ändern kann und eine gewisse räumliche Starrheit besitzt. Dies wird durch die sog. Kohärenzlänge ξ ausgedrückt. Änderungen der supraleitenden Eigenschaften sind nur bei räumlichen Abständen möglich, die größer als die Kohärenzlänge sind. Dieser Tatbestand wird auch durch die ebenfalls aus dem Jahr 1950 stammende Ginzburg-Landau-Theorie erklärt. Die Theorie ist nach den beiden Russen Vitaly Lazarevich Ginzburg und Lew Dawidowitsch Landau benannt. In Kap. 5 kommen wir hierauf zurück.

Die beiden charakteristischen Längen λ_m und ξ spielen beispielsweise bei den Grenzflächen zwischen normalen und supraleitenden Bereichen im gleichen Material eine Rolle. Hier bewirkt der endliche Wert der Kohärenzlänge, dass ein supraleitender Bereich seine supraleitende Eigenschaft und die damit verbundene Kondensationsenergiedichte (2.4) schon im Abstand ξ vor dieser Grenzfläche verliert und somit einen positiven Beitrag $\alpha_1 = (H_C^2/8\pi)\xi$ zur Grenzflächen-Energie liefert. Da jedoch innerhalb der magnetischen Eindringtiefe λ_m kein Gewinn und daher auch kein Verlust an Kondensationsenergie auftritt, muss der Betrag

$(H_C^2/8\pi)\lambda_m$ hiervon noch abgezogen werden. So findet man schließlich für die Wandenergie einer Grenzfläche zwischen einem normalen und einem supraleitenden Bereich

$$\alpha = (H_C^2/8\pi)\,(\xi - \lambda_m). \qquad (3.12)$$

In Abb. 3.1 zeigen wir die räumliche Auswirkung der beiden Längen ξ und λ_m. Im Zusammenhang mit diesem Ergebnis (3.12) war man davon ausgegangen, dass die Grenzflächen-Energie immer positiv sein muss, und deshalb $\xi > \lambda_m$ zu gelten hat.

Bei der Diskussion des Meissner-Ochsenfeld-Effekts hatten wir bisher den sog. Entmagnetisierungseffekt nicht berücksichtigt. Dieser Effekt beruht auf der Tatsache, dass durch die magnetische Feldverdrängung das Magnetfeld in der nächsten Umgebung des Supraleiters erhöht wird. Dieses Verhalten wird durch den sog. Entmagnetisierungskoeffizienten D der Geometrie des Supraleiters quantifiziert. Wenn wir das Magnetfeld am Rand des Supraleiters mit H_R bezeichnen, gilt

$$H_R = H/(1 - D) \qquad (3.13)$$

Der Koeffizient D ist von der Geometrie abhängig und variiert im Bereich 0–1. Aus (3.13) erkennen wir, dass im Bereich

$$H_C\,(1-D)\ <\ H\ <\ H_C \qquad (3.14)$$

der Fall $H_R > H_C$ vorliegt, und die Supraleitung unterbrochen sein muss. In Tab. 3.1 haben wir den Entmagnetisierungskoeffizienten D für einige Geometrien zusammengestellt.

Aus Tab. 3.1 erkennen wir, dass im Fall einer dünnen Platte oder eines dünnen Zylinders, die parallel zu H orientiert sind, das Magnetfeld im Außenraum durch die Feldverdrängung nur kaum verändert wird. Eine große Feldvergrößerung

Tab. 3.1 Entmagnetisierungskoeffizient D für verschiedene Geometrien

Geometrie	D
Dünne, parallel zu H orientierte Platte	≈ 0
Dünner, parallel zu H orientierter Zylinder	≈ 0
Kugel	1/3
Senkrecht zu H orientierter Zylinder mit kreisförmigem Querschnitt	1/2
Dünne, senkrecht zu H orientierte Platte	$\approx 1{,}0$

erwarten wir dagegen im Fall einer senkrecht zu H orientierten Platte, sodass das Magnetfeld am Außenrand schnell größer als das kritische Magnetfeld $H_c(T)$ wird. In dem durch (3.14) gekennzeichneten Bereich kann die Supraleitung nicht mehr überall aufrechterhalten werden, und magnetischer Fluss muss in den Supraleiter eindringen. Im Jahr 1937 hat Landau für diesen Fall die Existenz eines neuen „Zwischenzustands" vorgeschlagen, in dem normale Domänen mit dem lokalen Magnetfeld H_c und supraleitende Domänen mit dem lokalen Magnetfeld null vorliegen. Entsprechend (3.12) erwarten wir für diese Domänen eine Wandenergie proportional zur Längendifferenz $\xi - \lambda_m$, wobei gelten sollte $\xi > \lambda_m$.

In Abb. 3.2 zeigen wir den Zwischenzustand einer supraleitenden Bleischicht von 9,3 µm Dicke bei 4,2 K für verschiedene Werte des senkrecht zur Schicht orientierten Magnetfelds. Die Aufnahmen wurden magneto-optisch mithilfe eines Polarisationsmikroskops gewonnen. Die normalen Domänen sind hell, und die supraleitenden Domänen dunkel. Das kritische Magnetfeld von Blei bei 4,2 K beträgt 550 G ($T_C = 7,2$ K).

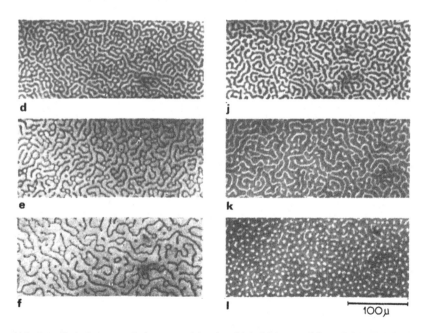

Abb. 3.2 Zwischenzustand einer supraleitenden Bleischicht von 9,3 µm Dicke bei 4.2 K in ansteigendem (**d–f**) und abfallendem (**j–l**) senkrechten Magnetfeld für folgende Werte des Magnetfelds: **d** 218 G; **e** 348 G; **f** 409 G; **j** 260 G; **k** 101 G; **l** 79 G. Normale Domänen sind hell, supraleitende Domänen sind dunkel

Typ-II-Supraleiter, Abrikosov-Vortex-Gitter, Mischzustand

4

Schon in den 1930er Jahren zeigten Experimente, besonders von Leo Vasilyevich Shubnikov in Charkow in der sowjetischen Ukraine, dass die damaligen Vorstellungen auf dem Gebiet der Supraleitung erweitert werden mussten. Shubnikov hatte dort schon früh ein Tieftemperatur-Laboratorium aufgebaut, in dem auch mit flüssigem Helium experimentiert werden konnte. (Die vielen Auslandskontakte von Shubnikov wurden ihm in der damaligen Zeit des Stalin-Terrors aber zum Verhängnis. Stalin ließ ihn verhaften und nach dreimonatiger Untersuchungshaft am 10. November 1937 erschießen).

Elektrische und magnetische Messungen besonders an supraleitenden Legierungen hatten damals unverstandene Verhaltensweisen gezeigt. Besonders die Frage der relativen Größe der Kohärenzlänge ξ und der magnetischen Eindringtiefe λ_m geriet in den Mittelpunkt. Der junge theoretische Physiker Alexei A. Abrikosov an der Universität von Moskau schaffte damals den entscheidenden Durchbruch. Er war mit Nikolay Zavaritskii befreundet, der am Kapitza Institut für Physikalische Probleme die Vorhersagen der Ginzburg-Landau-Theorie anhand von Experimenten an supraleitenden dünnen Schichten überprüfen wollte. Bis dahin hatte man sich nur für den Fall interessiert, dass die Längendifferenz $\xi - \lambda_m$, und damit auch die Wandenergie bei der Domänenbildung in Supraleitern, positiv ist.

Abrikosov und Zavaritskii diskutierten jetzt zum ersten Mal ernsthaft die Möglichkeit, dass die Längendifferenz auch negativ werden kann, wenn die Kohärenzlänge ξ kleiner als die magnetische Eindringtiefe λ_m ist. Auf der Basis der Ginzburg-Landau-Theorie berechnete Abrikosov auch für diesen Fall das kritische Magnetfeld. Er konnte nachweisen, dass nur so gute Übereinstimmung mit den experimentellen Daten von Zavaritskii für besonders sorgfältig präparierte dünne Schichten erzielt wurde. Abrikosov und Zavaritskii waren jetzt überzeugt, dass sie eine neue Art von Supraleitern entdeckt hatten, die sie die „zweite

© Springer Fachmedien Wiesbaden GmbH 2017
R.P. Huebener, *Geschichte und Theorie der Supraleiter*, essentials,
DOI 10.1007/978-3-658-19383-6_4

Gruppe" nannten. Heute wird diese Gruppe Typ-II-Supraleiter (mit $\xi < \lambda_m$) genannt, während die Supraleiter mit positiver Wandenergie als Typ-I-Supraleiter (mit $\xi > \lambda_m$) bezeichnet werden.

Seine weitere theoretische Analyse der Typ-II-Supraleiter mithilfe der Ginzburg-Landau-Theorie führte Abrikosov zur Entdeckung eines neuartigen Zustands in Gegenwart eines Magnetfelds: Der Supraleiter kann von einem regelmäßigen Gitter aus einzelnen magnetischen Flussquanten durchsetzt sein. Abrikosov hatte das Flussliniengitter und den sog. Mischzustand gefunden. Wie umwälzend diese Entdeckung von Abrikosov damals war, erkennt man daran, dass sein Doktorvater, Lew Dawidowitsch Landau mit dem so neuartigen Ergebnis nicht einverstanden war. Erst nachdem der Amerikaner Richard Phillips Feynman nur wenige Jahre später auch quantisierte Wirbellinien in rotierendem superflüssigen Helium diskutierte, gab Landau sein Einverständnis. Auf diese Weise hat sich die Publikation der Arbeiten von Abrikosov, die 1953 abgeschlossen waren, um einige Jahre verzögert.

Die den Supraleiter fadenartig durchsetzenden magnetischen Flussquanten werden durch supraleitende Ringströme erzeugt, die wie bei einer Magnetspule ein räumlich eng begrenztes, lokales Magnetfeld generieren. Auf die magnetischen Flusslinien werden wir in Kap. 5 noch einmal zurückkommen.

In Abb. 4.1 zeigen wir zur Erläuterung noch einmal die magnetische Flussdichte B im Inneren eines Typ-I-Supraleiters und seine Magnetisierung M in Abhängigkeit vom angelegten Magnetfeld H für den Fall einer Geometrie mit verschwindendem Entmagnetisierungskoeffizient D. Wir erkennen den perfekten Diamagnetismus mit B = 0 unterhalb des kritischen Magnetfelds H_C sowie den linearen Anstieg von $-4\pi M$ mit ansteigendem H.

Der supraleitende Mischzustand mit dem magnetischen Flussliniengitter existiert im Bereich des Magnetfelds oberhalb des „unteren kritischen Magnetfelds"

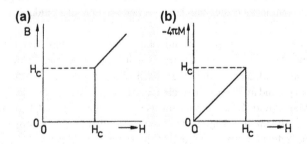

Abb. 4.1 **a** Magnetische Flussdichte B und **b** Magnetisierung $-4\pi M$ in Abhängigkeit vom angelegten Magnetfeld H im Fall eines Typ-I-Supraleiters

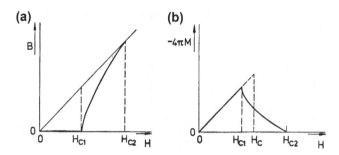

Abb. 4.2 a Magnetische Flussdichte B und **b** Magnetisierung $-4\pi M$ in Abhängigkeit vom angelegten Magnetfeld H im Fall eines Typ-II-Supraleiters

$H_{C1} < H_C$ und unterhalb des „oberen kritischen Magnetfelds" H_{C2}, also in dem Bereich $H_{C1} < H < H_{C2}$. Unterhalb von H_{C1} gilt nach wie vor der Meissner-Ochsenfeld-Effekt. In Abb. 4.2 ist dieses Verhalten (auch wieder unter der Annahme $D \approx 0$) schematisch dargestellt.

Der erste experimentelle Nachweis des magnetischen Flussliniengitters erfolgte durch elastische Neutronenbeugung im Jahr 1964 anhand der Wechselwirkung des magnetischen Moments der Neutronen mit den magnetischen Feldgradienten des Mischzustands. Eine besonders eindrucksvolle experimentelle Bestätigung gelang im Jahr 1967 Uwe Essmann und Hermann Träuble mithilfe der sog. Bitter-Technik. Sie streuten ein feines ferromagnetisches Pulver auf die Oberfläche des Supraleiters. Dort wird das Pulver von den Stellen angezogen, wo die magnetischen Flusslinien die Oberfläche erreichen. Die gebildeten kleinen Häufchen des Pulvers dekorieren so die einzelnen Flusslinien (Abb. 4.3).

(a)   (b)

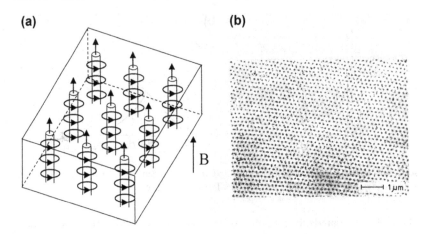

Abb. 4.3 Supraleitender Mischzustand mit dem von Abrikosov zum ersten Mal vorge-schlagenen Gitter aus quantisierten magnetischen Flussfäden. **a** Schematische Darstellung. Insgesamt sind neun magnetische Flussfäden gezeigt, wobei jeder Magnetfeld-Faden von supraleitenden Ringströmen umgeben ist. **b** Experimenteller Nachweis des Abrikosov-Git-ters aus magnetischen Flussfäden für eine 0.5 mm dicke Platte aus supraleitendem Niob durch Dekoration mit der Bitter-Technik. Die vielen dunklen Punkte markieren die Stellen, an denen die einzelnen magnetischen Flussfäden die Oberfläche der supraleitenden Platte durchsetzen. (U. Essmann)

Ginzburg-Landau-Theorie, Magnetische Fluss-Quantisierung, London-Modell

5

Die von Abrikosov zugrunde gelegte phänomenologische Ginzburg-Landau-Theorie beschreibt die Elektronen im supraleitenden Zustand durch eine makroskopische Wellenfunktion

$$\psi(\mathbf{r}, t) = |\psi(\mathbf{r}, t)|\, e^{i\varphi(\mathbf{r},t)} \qquad (5.1)$$

mit einer Amplitude $|\psi(\mathbf{r}, t)|$ und einer Phase $\varphi(\mathbf{r}, t)$. Die komplexe Wellenfunktion $\psi(\mathbf{r}, t)$ kann im Sinn von Landau als Ordnungsparameter einer Phasenumwandlung interpretiert werden. Der Absolutwert $|\psi(\mathbf{r}, t)|$ ist mit der lokalen Dichte $n_s(\mathbf{r})$ der supraleitenden Elektronen verknüpft, $|\psi(\mathbf{r}, t)|^2 = n_s$. Die Phase des Ordnungsparameters $\varphi(\mathbf{r}, t)$ liefert die Beschreibung der supraleitenden Ströme.

In der Theorie wird die Dichte G der freien Energie der Elektronen nach Potenzen des Ordnungsparameters entwickelt. Hierbei ist eine wichtige Annahme, dass $\psi(\mathbf{r}, t)$ nur kleine Werte besitzt. Somit ist die Theorie streng genommen nur dicht unterhalb von T_C anwendbar. Unter Berücksichtigung räumlicher Variationen des Ordnungsparameters und eines vorhandenen Magnetfelds mit der Flussdichte $\mathbf{B} = \mathrm{rot}\,\mathbf{A}$ ($\mathbf{A}$ = Vektorpotenzial) ergibt die Entwicklung der freien Energiedichte

$$G = G_n + \alpha(T)|\psi|^2 + \frac{\beta(T)}{2}|\psi|^4 + \frac{1}{2m^*}\left|\left(\frac{\hbar}{i}\nabla - \frac{e^*}{c}\mathbf{A}\right)\psi\right|^2 + B^2/8\pi \quad (5.2)$$

m^* ist die Masse und e^* die Ladung der Teilchen (c = Lichtgeschwindigkeit). Gl. (5.2) ist der Ausgangspunkt der Ginzburg-Landau-Theorie. Aus dem Ausdruck (5.2) für die freie Energiedichte muss der Minimalwert bei räumlicher Variation des Ordnungsparameters $\psi(\mathbf{r})$ und des Magnetfelds bzw. des Vektorpotenzials $\mathbf{A}(\mathbf{r})$ gefunden werden. Mithilfe einer üblichen Variationsmethode findet man die beiden *Differenzialgleichungen nach Ginzburg-Landau*

© Springer Fachmedien Wiesbaden GmbH 2017
R.P. Huebener, *Geschichte und Theorie der Supraleiter,* essentials,
DOI 10.1007/978-3-658-19383-6_5

$$\alpha \, \psi + \beta \, |\psi|^2 \, \psi + \frac{1}{2m^*} \left(\frac{\hbar}{i} \nabla - \frac{e^*}{c} \mathbf{A} \right)^2 \psi = 0 \qquad (5.3a)$$

$$\mathbf{j}_s = \frac{e^* \hbar}{2m^* i} (\psi^* \nabla \psi - \psi \nabla \psi^*) - \frac{e^{*2}}{m^* c} \psi^* \psi \, \mathbf{A} \qquad (5.3b)$$

Gl. (5.3a) hat die Form einer Schrödinger-Gleichung mit dem Eigenwert $-\alpha$ der Energie. Der Beitrag $\beta \, |\psi|^2 \, \psi$ wirkt wie ein Abstoßungspotenzial. Gl. (5.3b) ist die quantenmechanische Beschreibung eines Teilchenstroms. Beide Gleichungen gelten für Teilchen der Masse m^* und der Ladung e^*.

Abrikosovs Entdeckung des magnetischen Flussliniengitters bedeutete einen großen Erfolg der Ginzburg-Landau-Theorie. Die Beschreibung des supraleitenden Zustands der Elektronen durch eine makroskopische quantenmechanische Wellenfunktion hatte sich als besonders fruchtbar erwiesen. Wichtige Ergebnisse sind die Erklärung der charakteristischen Längen $\xi(T)$ und $\lambda_m(T)$, der kritischen elektrischen Stromdichte j_C sowie der magnetischen Fluss-Quantisierung.

Die kleinste mögliche Einheit von magnetischem Fluss in einem Supraleiter ist das magnetische Flussquant $h/2e = 2{,}068 \cdot 10^{-15}$ V s. Die Größe h ist die Planck'sche Konstante und e die Ladung eines Elektrons. Diese Quantisierungs-bedingung folgt aus der Tatsache, dass sich die den supraleitenden Zustand beschreibende makroskopische Wellenfunktion exakt reproduzieren muss, wenn man mit dem räumlichen Koordinatenpunkt der Wellenfunktion einmal um den eingeschlossenen magnetischen Flussbereich herumläuft und zum Ausgangspunkt zurückkehrt. Experimentell wurde die magnetische Fluss-Quantisierung zum ersten Mal 1961 von Robert Doll und Martin Näbauer und unabhängig von Bascom Deaver und William Fairbank nachgewiesen. Mithilfe eines kleinen supraleitenden Röhrchens von nur etwa 10 μm Durchmesser (ein auf einen Quarzfaden aufgedampfter supraleitender Blei-Zylinder), das in ein geringes Magnetfeld parallel zur Achse des Röhrchens gebracht war, konnten Doll und Näbauer zeigen, dass der in dem kleinen Hohlzylinder vorhandene magnetische Fluss entweder null war oder ein ganzes Vielfaches des oben genannten Flussquants betrug (Abb. 5.1).

Eine genauere Erklärung der in Abb. 5.1b gezeigten Stufenstruktur finden wir in Abb. 5.2. Teil a zeigt den supraleitenden Abschirmstrom I_s in Abhängigkeit von der magnetischen Flussdichte B_e, die parallel zur Achse des kleinen supraleitenden Zylinders verläuft. Der durch die Querschnittfläche des Zylinders verlaufende magnetische Fluss beträgt $\pi R^2 B_e$ (R = Zylinder Radius) und ist in Einheiten des magnetischen Flussquants $\varphi_0 = h/2e$ angegeben (Der Vektor φ_0 ist parallel zur Richtung der Flussdichte $\mathbf{B}$ orientiert).

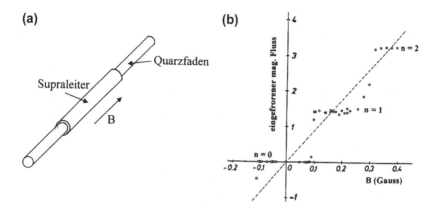

Abb. 5.1 Experimenteller Nachweis der magnetischen Fluss-Quantisierung im Supraleiter. a Das aus einem Supraleiter bestehende Röhrchen von nur etwa 10 µm Durchmesser wird in einem parallel zu seiner Achse orientierten Magnetfeld B abgekühlt. Unterhalb der kritischen Temperatur T_C wird das Magnetfeld abgeschaltet und der eingefrorene magnetische Fluss im Röhrchen gemessen. b In Abhängigkeit von dem Magnetfeld B zeigt der eingefrorene magnetische Fluss eine quantisierte Stufenstruktur, da nur ganze Vielfache des magnetischen Flussquants (h/2e) im Röhrchen erlaubt sind. Das Bild zeigt die Beobachtung von 0, 1 und 2 magnetischen Flussquanten. Ohne Quantisierung sollten die Messpunkte auf der gestrichelten Geraden liegen. (R. Doll und M. Näbauer)

Der in Abb. 5.2 gezeigte Abschirmstrom I_s verhindert zunächst den Eintritt von magnetischem Fluss in die Zylinderöffnung aufgrund des Meissner-Ochsenfeld-Effekts. Beim Wert $B_e = \varphi_0/(2\pi R^2)$ der magnetischen Flussdichte kompensiert der Abschirmstrom exakt ein halbes Flussquant $\varphi_0/2$ im Zylinder (Punkt (1)). Bei weiterer Erhöhung von B_e ändert der Abschirmstrom I_s sein Vorzeichen und bewirkt so, dass genau ein Flussquant φ_0 im Zylinder existiert. Seine eine Hälfte wird dabei durch I_s erzeugt (Punkt (2)). Wird B_e jetzt weiter erhöht, dann nimmt $|I_s|$ wieder ab, so lange bis bei $B_e = \varphi_0/(\pi R^2)$ der Zustand mit $I_s = 0$ erreicht ist (Punkt (3)). Dieser Prozess wiederholt sich bei weiterem Anwachsen von B_e. Im Zylinder kommen so die Stufen mit der Anzahl n der magnetischen Flussquanten zustande (Abb. 5.1b und 5.2b). In Abb. 5.2c ist für die drei Punkte (1) bis (3) aus Abb. 5.2a die Superposition des angelegten Magnetfelds (durchgezogene Pfeile) und des durch I_s erzeugten Magnetfelds (gestrichelte Pfeile) schematisch gezeigt. Durch den Eintritt der magnetischen Flussquanten φ_0 in den Zylinder bleibt der Abschirmstrom I_s und die mit ihm verbundene kinetische Energie begrenzt, anstatt unbegrenzt anzuwachsen.

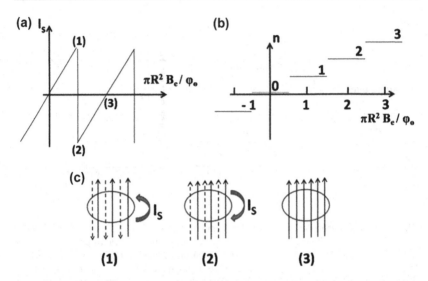

Abb. 5.2 Experimentelle Demonstration der magnetischen Flussquantisierung beim Eintritt von magnetischem Fluss in einen kleinen supraleitenden Zylinder. Teil **a** zeigt den supraleitenden Abschirmstrom I_s in Abhängigkeit von der parallel zur Zylinderachse orientierten magnetischen Flussdichte B_e. Teil **b** gibt die Anzahl n der magnetischen Flussquanten im Zylinder in Abhängigkeit von B_e an. Teil **c** erläutert die Superposition des angelegten Magnetfelds (durchgezogene Pfeile) und des durch I_s erzeugten Magnetfelds (gestrichelte Pfeile) bei den drei Punkten (*1*) bis (*3*). Weitere Details finden sich im Text

Eine physikalische Beschreibung der von Abrikosov zum ersten Mal diskutierten magnetischen Flusslinie in einem Typ-II-Supraleiter liefert das *London-Modell*. In dem Modell wird ein normaler Vortex-Kern mit dem Radius ξ angenommen, der in die supraleitende Phase eingebettet ist. Der Radius ξ des normalen Vortex-Kerns wird als klein gegenüber der magnetischen Eindringtiefe λ_m angenommen, ξ ≪ λ_m. Das Verhältnis λ_m/ξ wird als der für die Supraleitung hochwichtige *Ginzburg-Landau-Parameter* κ definiert

$$\kappa = \lambda_m/\xi \qquad (5.4)$$

Das London-Modell ist eine gute Näherung im Bereich $H_{C1} < H \ll H_{C2}$, in dem die Wechselwirkung zwischen den Flusslinien noch nicht zu stark ist.

Im Fall einer isolierten einzelnen Flusslinie, also im Fall eines Magnetfelds nur wenig oberhalb H_{C1}, liegen die Flusslinien weit auseinander, und ihre Wechselwirkung kann vernachlässigt werden. Die schematische Abb. 5.3 zeigt die Struktur einer isolierten Flusslinie. Das lokale Magnetfeld **h** in der Umgebung

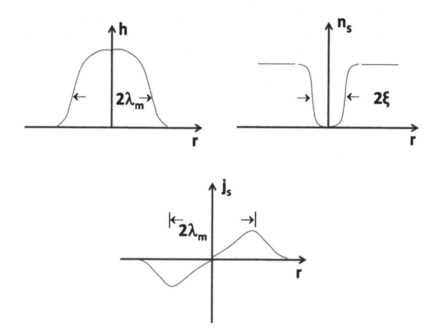

Abb. 5.3 Struktur einer einzelnen Flusslinie. Lokales Magnetfeld **h**, Dichte der supralei-tenden Elektronen n_s, und die umlaufende supraleitende Stromdichte j_s in Abhängigkeit vom Abstand r von der Achse der Flusslinie

der Flusslinie erreicht sein Maximum im Zentrum und fällt etwa außerhalb des Radius λ_m exponentiell mit wachsendem Abstand vom Zentrum ab. Die Dichte n_s der supraleitenden Elektronen ist im Zentrum der Flusslinie auf den Wert null unterdrückt und erreicht ihren vollen Wert außerhalb des Radius ξ. Die Dichte j_s des Kreisstroms, der das Magnetfeld **h**(r) der Flusslinie erzeugt, erreicht etwa beim Radius λ_m ihr Maximum und verschwindet im normalen Vortex-Kern. Für die mittlere magnetische Flussdichte **B** gilt die wichtige Beziehung

$$\mathbf{B} = n\,\varphi_0, \qquad (5.5)$$

wobei n die Vortex-Dichte (Anzahl der Vortices pro Fläche) bezeichnet.

Aus dem London-Modell kann die elektrische Suprastromdichte j_s sowie die lokale magnetische Flussdichte h(r) in der Umgebung einer magnetischen Flussli-nie, die Energie pro Längeneinheit einer Flusslinie, das untere kritische Feld H_{C1}, die Wechselwirkung zwischen den magnetischen Flusslinien sowie die Magneti-sierung in der Nähe von H_{C1} berechnet werden. Die Einfachheit dieser nützlichen phänomenologischen Theorie wird allerdings durch das unrealistische Verhalten der Ausdrücke mit ihrer Divergenz auf der Achse der Flusslinie erkauft. Diese Divergenz kann vermieden werden, indem das Gebiet des Vortex-Kerns mit $r < \xi$ bei der Integration abgeschnitten wird.

BCS-Theorie, Energielücke

6

Eine theoretische Erklärung der Supraleitung ist schon früh gesucht worden. Albert Einstein hatte beispielsweise vorgeschlagen, dass die Supraleitung durch molekulare Leitungsketten (ähnlich den Ampère'schen Molekularströmen) verursacht wird. In einem Manuskript vom März 1922 mit dem Titel „*Theoretische Bemerkungen zur Supraleitung der Metalle*" (publiziert im September 1922) hatte Einstein den supraleitenden Zustand folgendermaßen diskutiert:

Es scheint also unvermeidlich, dass die Supraleitungsströme von geschlossenen Molekülketten (Leitungsketten) getragen werden, deren Elektronen unablässig cyclische Vertauschungen erleiden. Kamerlingh Onnes vergleicht daher die geschlossenen Ströme in Supraleitern mit den Ampère'schen Molekularströmen. ... Es mag als unwahrscheinlich anzusehen sein, dass verschiedenartige Atome Leitungsketten miteinander bilden können. Vielleicht ist also der Übergang von einem supraleitenden Metall zu einem anderen niemals supraleitend.

Kamerlingh Onnes hatte sich aber schon für den Kontakt zwischen zwei verschiedenen Supraleitern interessiert. Am Ende des genannten Manuskripts schreibt Albert Einstein in einem kurzen P.S.: „*Die zuletzt angedeuteten Vermutungen ... werden zum Teil durch einen wichtigen Versuch widerlegt, welchen Kamerlingh Onnes in den letzten Monaten ausgeführt hat. Er zeigte nämlich, dass an der Kontaktstelle zweier verschiedener Supraleiter (Blei und Zinn) kein messbarer Ohm'scher Widerstand auftritt.*"

Die Frage des Verhaltens eines Kontakts zwischen zwei Supraleitern wurde im Jahr 1932 noch einmal aufgegriffen, als Walther Meissner in Experimenten zusammen mit Ragnar Holm zeigte, dass der mechanische Kontakt zwischen zwei Supraleitern auch supraleitend ist, was mit den molekularen Leitungsketten unvereinbar ist. Auf den Kontakt zwischen zwei Supraleitern werden wir in Kap. 7 bei der Besprechung des Josephson-Effekts zurückkommen.

© Springer Fachmedien Wiesbaden GmbH 2017
R.P. Huebener, *Geschichte und Theorie der Supraleiter, essentials*,
DOI 10.1007/978-3-658-19383-6_6

Phänomenologische Theorien wie die London-Theorie und die Ginzburg-Landau-Theorie bedeuteten wichtige Stationen im theoretischen Verständnis. Eine mikroskopische Erklärung des Mechanismus stand aber noch aus. Die Reihe derjenigen, die sich hieran versucht hatten, ist lang. Wir nennen neben Albert Einstein die Namen Felix Bloch, Niels Bohr, Léon Brillouin, Jakov I. Frenkel, Werner Heisenberg, Ralph Kronig, Lew Dawidowitsch Landau und Wolfgang Pauli.

Einen entscheidenden Fortschritt erzielten im Jahr 1957 John Bardeen, Leon Cooper und Robert Schrieffer. Ihre „BCS-Theorie" wurde schnell akzeptiert. Wieso es so lange gedauert hat, bis eine überzeugende theoretische Erklärung der Supraleitung gefunden wurde, rührt daher, dass der Energieunterschied der Elektronen zwischen ihrem normalen und ihrem supraleitenden Zustand extrem gering und viel kleiner ist als die Fermi-Energie. Die Berechnung der verschiedenen einzelnen Beiträge zur Energie der Elektronen im Kristall ist jedoch deutlich ungenauer als der beim Übergang in den supraleitenden Zustand erzielte Energiegewinn.

Die BCS-Theorie basiert auf der Idee, dass zwischen zwei Elektronen bei tiefen Temperaturen eine Anziehungskraft wirkt, sodass sich zwei Elektronen in bestimmter Weise zu Paaren zusammenschließen. Die dabei gewonnene Bindungsenergie führt zu einer Energieabsenkung. Leon Cooper hatte schon 1956 eine solche Paarbildung und Energieabsenkung theoretisch hergeleitet. Daher werden die Elektronenpaare als „Cooper-Paare" bezeichnet. Die Anziehungskraft bei der Bildung der Cooper-Paare kommt durch Verzerrungen des Kristallgitters in der Umgebung der einzelnen Elektronen zustande. Phononen spielen demnach hierbei eine Rolle.

Eine wichtige Grundidee hierzu hatten Herbert Fröhlich und unabhängig John Bardeen im Jahr 1950 entwickelt. Sie hatten erkannt, dass ein Elektron das Kristallgitter in seiner Umgebung verzerrt. Aufgrund der Elektron-Phonon-Wechselwirkung ist ein Elektron, das sich durch das Kristallgitter bewegt, von einer Wolke virtueller Phononen umgeben, die kontinuierlich emittiert und reabsorbiert werden. Die Bildung der Cooper-Paare kommt durch den Austausch von virtuellen Phononen zwischen den beiden Elektronen zustande. Dieser Prozess ist in Abb. 6.1 schematisch angedeutet. Ein Elektron mit dem Wellenvektor $\mathbf{k}$ emittiert ein virtuelles Phonon $\mathbf{q}$, welches von einem Elektron $\mathbf{k}'$ absorbiert wird. Das virtuelle Phonon streut $\mathbf{k}$ nach $\mathbf{k} - \mathbf{q}$ und $\mathbf{k}'$ nach $\mathbf{k}' + \mathbf{q}$. Da der Prozess virtuell ist, muss die Energieerhaltung nicht eingehalten werden. Der Phononen-Austausch zwischen den Elektronen führt zu einer Anziehung, wenn eines der Elektronen dabei von einer positiven Abschirmladung durch das Gitter umgeben ist, die die negative Elementarladung überkompensiert. Das andere Elektron wird dann durch die positive Netto-Ladung angezogen.

Abb. 6.1 Austausch
eines virtuellen Phonons **q**
zwischen den Elektronen
mit den Wellenvektoren **k**
bzw. **k′**

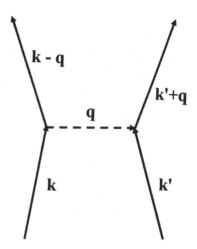

Experimentelle Beobachtungen des sog. Isotopeneffekts hatten schon Anfang der 1950er Jahre die wichtige Rolle des Kristallgitters bei der Supraleitung angedeutet. Als Isotopeneffekt wird bezeichnet, wenn das Ergebnis von der Masse der Atomkerne bei konstanter elektrischer Ladung der Kerne, also von der Anzahl der Neutronen im Atomkern, abhängt. In verschiedenen, speziell hergestellten isotopenreinen supraleitenden Metallen (Blei, Quecksilber und Zinn) hatte man gefunden, dass die kritische Temperatur T_C umgekehrt proportional zur Quadratwurzel aus der Masse M der Gitteratome ist:

$$T_c \sim 1/M^\alpha \qquad (6.1)$$

Der Exponent betrug $\alpha = 0{,}5$. Das Kristallgitter musste also bei der Supraleitung eine Rolle spielen.

Die Cooper-Paare bestehen immer aus zwei Elektronen mit entgegengesetzt gerichtetem Eigendrehimpuls, sodass der Gesamtspin des einzelnen Cooper-Paars verschwindet. In diesem Fall ist das Pauli-Prinzip ungültig, und alle Cooper-Paare können denselben Quantenzustand besetzen. Dieser Quantenzustand wird durch eine makroskopische quantenmechanische Wellenfunktion beschrieben. Die Bildung der Cooper-Paare und des makroskopischen Quantenzustands beschränkt sich aber nur auf einen bestimmten kleinen Energiebereich in der Umgebung der Fermi-Oberfläche (und somit auf einen kleinen Teil des Leitungsbandes).

Im Mittelpunkt der BCS-Theorie steht der Gedanke einer Energielücke im Energiespektrum der Elektronen an der Fermi-Energie. Oberhalb der kritischen Temperatur T_C verschwindet die Energielücke, und unterhalb von T_C wächst sie

mit abnehmender Temperatur in bestimmter Weise an und erreicht ihr Maximum
bei der Temperatur null Kelvin. Erste Hinweise auf eine Lücke im Energiespektrum der Elektronen hatte es schon durch optische Absorptionsexperimente an
supraleitenden dünnen Schichten gegeben. Im Jahr 1960 lieferte Ivar Giaever
einen eindrucksvollen Beweis für die Energielücke durch sein berühmtes Tun-
nelexperiment (Abb. 6.2). Er war damals schon länger von dem quantenmechanischen Tunnelprozess besonders fasziniert. Nachdem er von der neuen
BCS-Theorie und ihrer Vorhersage einer Lücke im Energiespektrum der Elektronen gehört hatte, gelang es ihm, die Energielücke direkt anhand des elektrischen
Stromflusses zwischen einer supraleitenden und einer normalen Elektrode nach-
zuweisen: Wenn die beiden Elektroden durch eine dünne elektrisch isolierende
Barriere voneinander getrennt sind, kann der elektrische Stromfluss nur durch den
quantenmechanischen Tunneleffekt zustande kommen. In einem solchen „Tun-
nelkontakt" erstreckt sich die Wellenfunktion der Teilchen bis zur anderen Seite
der Barriere. Der Tunnelstrom kann aber noch nicht fließen, wenn auf der anderen Seite im Supraleiter keine erlaubten Energiezustände zur Verfügung stehen.
Der elektrische Stromfluss setzt erst ein, wenn der Potenzialunterschied zwischen
beiden Seiten des Kontakts den Wert der Energielücke erreicht hat. Wenn beide
Elektroden supraleitend sind, ist es ähnlich. Auf diese Weise gelang es Giaever,
mit einer einfachen Messung von elektrischer Spannung und elektrischem Strom
die Energielücke zu bestimmen. Solche Tunnelexperimente an Supraleitern haben
anschließend eine große Bedeutung bekommen.

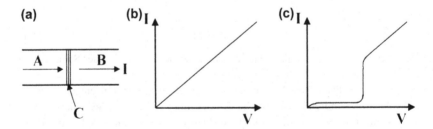

Abb. 6.2 Experimenteller Nachweis der Energielücke in einem Supraleiter durch das Tun-
nelexperiment von Giaever. **a** Eine supraleitende Elektrode A und eine normale Elektrode
B sind durch eine dünne, elektrisch isolierende Barriere C voneinander getrennt, sodass der
elektrische Stromfluss durch die Barriere nur durch den quantenmechanischen Tunneleffekt
möglich ist. **b** Elektrischer Strom I in Abhängigkeit von der Spannung V, wenn beide Elekt-
rodenmetalle im Normalzustand sind. **c** Elektrischer Strom I in Abhängigkeit von der Spannung V, wenn eine Metallelektrode supraleitend ist. Erst wenn der Potenzialunterschied
zwischen beiden Elektroden den Wert der Energielücke erreicht hat, kann der elektrische
Stromfluss einsetzen

Die Bildung der Cooper-Paare bei der Supraleitung kommt auch in der Größe des oben besprochenen magnetischen Flussquants zum Ausdruck. Da die Cooper-Paare aus zwei Elementarladungen bestehen, folgt, dass das magnetische Flussquant $\varphi_o = h/2e$ nur halb so groß ist wie in dem Fall, wenn nur eine einzige Elementarladung involviert wäre.

Josephson-Effekt

7

Der Kontakt zwischen zwei Supraleitern, den wir am Anfang von Kap. 6 im Zusammenhang mit Kamerlingh Onnes und Walther Meissner erwähnt haben, sollte etwa drei Jahrzehnte später eine prominente Rolle erhalten. Nachdem Ivar Giaever das Ergebnis seines berühmten Tunnelexperiments zum Nachweis der Energielücke in Supraleitern veröffentlicht hatte, interessierte sich der Student Brian David Josephson im englischen Cambridge für den zugrunde liegenden Tunnelprozess. In Vorlesungen hatte er von der neuen BCS-Theorie gehört und war von dem Konzept der Supraleitung als makroskopischem Quantenphänomen besonders beeindruckt. Er untersuchte theoretisch den elektrischen Stromfluss durch die Barriere eines Tunnelkontakts zwischen zwei Supraleitern, wie ihn Giaever auch benutzt hatte. Dabei leitete er zwei Gleichungen für den elektrischen Strom und für die elektrische Spannung ab, die seither als Josephson-Gleichungen bekannt sind:

$$I_s = I_C \sin \chi \qquad (7.1)$$

$$\frac{\partial \chi}{\partial t} = \frac{2e}{\hbar} V \qquad (7.2)$$

In Gl. (7.1) wird der ohne elektrischen Widerstand fließende Supra-Strom von Cooper-Paaren behandelt. Gl. (7.2) besagt, dass eine elektrische Spannung V am Tunnelkontakt immer von einem mit hoher Frequenz zwischen den beiden Supraleitern oszillierenden Supra-Wechselstrom begleitet ist. Die Frequenz dieser Josephson-Oszillation steigt proportional zur elektrischen Spannung an. Gl. (7.1) und (7.2) basieren auf dem Konzept, dass die Supraleitung ein makroskopisches Quantenphänomen darstellt, das durch die Wellenfunktion (Ordnungsparameter) (5.1) mit einer Amplitude $|\psi(\mathbf{r}, t)|$ und einer Phase $\varphi(\mathbf{r}, t)$ beschrieben ist. In Gl. (7.1) bezeichnet χ die Phasendifferenz $\chi = \varphi_2 - \varphi_1$ zwischen beiden Seiten des Kontakts. Der durch

© Springer Fachmedien Wiesbaden GmbH 2017
R.P. Huebener, *Geschichte und Theorie der Supraleiter,* essentials,
DOI 10.1007/978-3-658-19383-6_7

den Kontakt fließende Suprastrom I_s ist durch die Sinusfunktion dieser Phasendifferenz $\chi = \varphi_2 - \varphi_1$ gegeben. I_C bezeichnet den kritischen Strom dieser Kontakt-Geometrie.

Die Josephson-Gleichungen (7.1) und (7.2) lassen sich auf verschiedene Weise herleiten. Eine von Richard Feynman stammende Herleitung startet mit der zeitabhängigen Schrödinger-Gleichung für die beiden Wellenfunktionen ψ_1 und ψ_2 für die zunächst noch getrennten Supraleiter 1 und 2 und fügt eine Kopplung zwischen beiden hinzu.

Josephson machte seine Vorhersagen im Jahr 1962. Seine Theorie wurde aber zunächst mit Skepsis und Unverständnis aufgenommen. Schon 1963 wurde sie experimentell bestätigt (Abb. 7.1). Auch in der zweiten Josephson-Gleichung manifestiert sich wieder die doppelte Elementarladung der für die Supraleitung verantwortlichen Cooper-Paare.

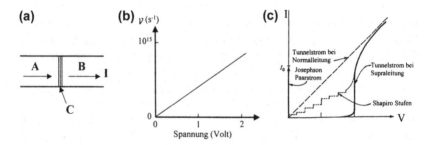

Abb. 7.1 Josephson-Oszillation des Suprastroms zwischen den supraleitenden Elektroden eines Tunnelkontakts in Gegenwart einer elektrischen Spannung am Kontakt. a Im Josephson-Kontakt sind die beiden supraleitenden Elektroden A und B nur schwach miteinander gekoppelt, beispielsweise durch eine dünne, elektrisch isolierende Barriere C, die elektrischen Stromfluss durch den quantenmechanischen Tunnelprozess aber noch ermöglicht. b Die Frequenz ν der Josephson-Oszillation des Suprastroms zwischen beiden Elektroden wächst proportional zur elektrischen Spannung V am Kontakt. Bei der Spannung von einem Volt beträgt die Frequenz ungefähr 483.000 GHz. c Elektrischer Strom I in Abhängigkeit von der Spannung V für einen Josephson-Kontakt. Die durchgezogene Kurve zeigt den Tunnelstrom bei Supraleitung und die gestrichelte Gerade den Tunnelstrom bei Normalleitung. Bei der Spannung null erkennt man den Josephson-Paarstrom bis zu seinem Maximalwert I_0. Bei Bestrahlung des Kontakts mit Mikrowellen zeigt die Kennlinie „Shapiro-Stufen", die durch das Zusammenwirken der Josephson-Oszillation im Kontakt mit den Mikrowellen verursacht werden

Bewegung der Flussquanten, Flusswanderungswiderstand

8

Die Frage, wie genau der elektrische Widerstand bei der Supraleitung auf null verschwindet, rückte Anfang der 1960er Jahre in den Fokus, als durch neu entdeckte Supraleiter-Materialien ihre technischen Anwendungen bei hohen elektrischen Strömen zum ersten Mal möglich erschienen. Besonders die neuen supraleitenden Niob-Legierungen Nb_3Sn und $NbZr$ waren vielversprechend. Sorgfältige Messungen, besonders an den Bell-Laboratorien in den USA, ergaben Hinweise auf hohe Werte der kritischen elektrischen Stromdichte und des kritischen Magnetfelds. Auch wurde ein neuartiger „kritischer Zustand" gefunden, oberhalb dessen ein endlicher, wenn auch relativ kleiner, elektrischer Widerstand auftritt. Der Amerikaner Philip W. Anderson erkannte damals, dass ein neuer Prozess involviert sein muss, nämlich eine vom elektrischen Stromfluss verursachte Bewegung von magnetischen Flussquanten. Dieser Prozess wurde dann als „flux creep" und „flux flow" berühmt.

Jede Bewegung von magnetischen Flussquanten in einem Supraleiter aufgrund einer auf sie wirkenden Kraft erzeugt im Supraleiter ein elektrisches Feld und somit eine elektrische Spannung. Diese „Flusswanderungs-Spannung" wächst proportional zur Geschwindigkeit und zur Anzahl der bewegten Flusslinien. Im Fall eines elektrischen Stroms der Dichte $\mathbf{j}$ wirkt die Lorentz-Kraft $\mathbf{f_L} = \mathbf{j} \times \varphi_0$ auf die Flussquanten. Die Lorentz-Kraft ist senkrecht zur elektrischen Stromrichtung und zum Magnetfeld der Flusslinien orientiert. Die so verursachte Bewegung der Flusslinien erzeugt das elektrische Feld $\mathbf{E}$:

$$\mathbf{E} = -\mathbf{v}_\varphi \times \mathbf{B} \qquad (8.1)$$

Die magnetische Flussdichte $\mathbf{B}$ ist durch die Flächendichte n der magnetischen Flussquanten φ_0 gegeben: $\mathbf{B} = n\,\varphi_0$. Die Größe $\mathbf{v}_\varphi$ bezeichnet die Geschwindigkeit der Flusslinien. Das elektrische Feld (8.1) ist stets senkrecht zu der Bewegungsrichtung und zum Magnetfeld der magnetischen Flusslinien orientiert.

© Springer Fachmedien Wiesbaden GmbH 2017
R.P. Huebener, *Geschichte und Theorie der Supraleiter,* essentials,
DOI 10.1007/978-3-658-19383-6_8

Da das elektrische Feld und der elektrische Strom die gleiche Richtung haben, wird durch die Flusslinienbewegung im Supraleiter Energie dissipiert, und es treten elektrische Verluste auf. Dieser Prozess der Flusswanderung folgt der (hier vereinfachten) Kräftegleichung

$$\mathbf{j} \times \boldsymbol{\varphi}_o - \eta \, \mathbf{v}_\varphi = 0 \qquad (8.2)$$

Hier bezeichnen $\eta \, \mathbf{v}_\varphi$ den dissipativen Beitrag und η eine Dämpfungskonstante. In (8.2) sind die Kräfte auf eine Längeneinheit der Flusslinie bezogen. Aus (8.1) und (8.2) findet man den *spezifischen Flusswanderungs-Widerstand*

$$\rho_f = \varphi_o \, B / \eta \qquad (8.3)$$

Durch diesen Mechanismus wird der Stromfluss ohne elektrischen Widerstand und ohne Verluste in Supraleitern immer begrenzt. Daher wurden viele Anstrengungen unternommen, diesen Prozess der Flusslinienbewegung durch den Einbau von sog. Haftzentren (pinning centers) möglichst weitgehend zu verhindern. (In Gl. (8.2) haben wir die Haftkräfte und eine Kraftkomponente, die den Hall-Effekt bei der Bewegung der Flusslinien verursacht, einfachheitshalber vernachlässigt.)

Als ein Beispiel zeigen wir in Abb. 8.1 die Flusswanderungsspannung (fluxflow voltage) in Abhängigkeit vom elektrischen Strom in einer Niob-Folie für verschiedene Werte des Magnetfelds, das senkrecht zur Folie orientiert ist. (Dicke der Folie = 18 μm, Breite der Folie = 4 mm, T = 4,22 K). Das elektrische Widerstandsverhältnis R(295 K)/R(4,2 K) betrug 620, wobei R(4,2 K) in einem senkrechten Magnetfeld von 4000 G gemessen wurde. Die Spannung setzt bei einem endlichen kritischen Strom ein und zeigt zunächst einen nach oben gekrümmten Verlauf. Anschließend wächst sie linear mit ansteigendem Strom, wie von Gl. (8.1) und (8.2) zu erwarten ist. Der endliche kritische Strom resultiert aus den Haftkräften (pinning) aufgrund von räumlichen Inhomogenitäten im Supraleiter, die als Haftzentren die Bewegung der magnetischen Flusslinien verhindern. Die Steigung der linearen Kurvenabschnitte repräsentiert den Flusswanderungswiderstand und wächst mit ansteigendem äußeren Magnetfeld.

Eine schematische Darstellung des spezifischen Flusswanderungswiderstands ρ_f in Abhängigkeit vom äußeren Magnetfeld H zeigt Abb. 8.2. Zunächst wächst ρ_f linear mit H an und mündet dann in einen deutlich steileren Kurvenast, der bei dem oberen kritischen Magnetfeld H_{C2} den Normalwert ρ_n des spezifischen Widerstands erreicht.

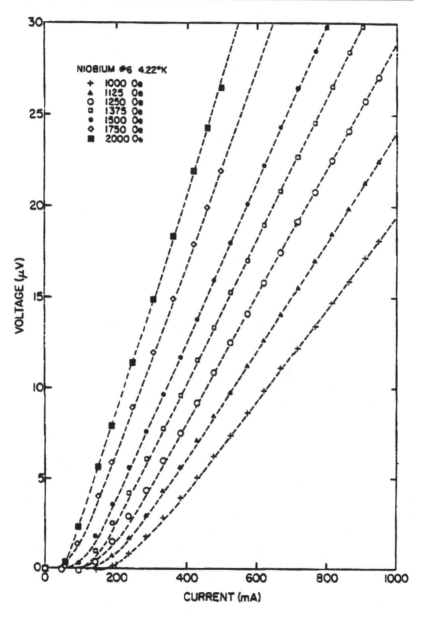

Abb. 8.1 Flusswanderungsspannung (flux-flow voltage) in Abhängigkeit vom elektrischen Strom in einer Niob-Folie von 18 µm Dicke und 4 mm Breite für verschiedene senkrecht orientierte Magnetfelder. T = 4,22 K; $T_C = 9,2$ K

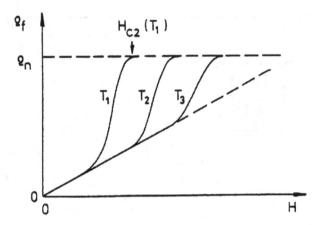

Abb. 8.2 Schematische Darstellung des spezifischen Flusswanderungswiderstands ρ_f in einem Typ-II-Supraleiter in Abhängigkeit vom Magnetfeld für verschiedene Temperaturen ($T_1 > T_2 > T_3$). ρ_n bezeichnet den Normalwiderstand

8.1   Thermisch aktivierte Bewegung magnetischer Flussquanten

Wie schon erwähnt, ist die Kräftegleichung (8.2) eine idealisierte Näherung, die die Wirkung von Haftkräften auf die magnetischen Flusslinien vernachlässigt. Wir wollen im Folgenden eine spezielle Fragestellung aus dem sehr komplexen Gebiet der Auswirkung von Haftkräften auf das magnetische Flussliniengitter noch etwas genauer diskutieren: die thermisch aktivierte Bewegung der magnetischen Flusslinien.

Die grundlegenden Ideen aus den 1960er Jahren gehen zurück auf den oben schon genannten Philip W. Anderson sowie auf Young Kim. Wir betrachten ein einzelnes magnetisches Flussquant, das durch die Haftkraft in einem Potenzialtopf fixiert ist. (Der Potenzialtopf repräsentiert ein lokales Minimum im räumlichen Verlauf der Freien Gibbs-Energiedichte). Die Tiefe des Potenzialtopfs bezeichnen wir mit U_0. Durch thermische Aktivierung kann das Flussquant aus dem Potenzialtopf heraushüpfen, wobei die Hüpf-Rate R_j durch

$$R_j = \nu_o \exp\left(-\frac{U_o}{k_B T}\right)\tag{8.4}$$

gegeben ist. Hier bezeichnet ν_0 eine charakteristische Anlauf-Frequenz, und wir nehmen an $U_0 \gg k_B T$. In Abwesenheit einer auf das Flussquant wirkenden äußeren Kraft ist der thermisch aktivierte Hüpfprozess des Flussquants in allen Richtungen gleich, und die resultierende Flussbewegung verschwindet. Wenn jedoch eine äußere Kraft auf das Flussquant wirkt, wird diese räumliche Symmetrie gebrochen. In Richtung dieser Kraft ist die Wandhöhe des Potenzialtopfs um ΔU reduziert, und in der entgegengesetzten Richtung um ΔU erhöht. In Abb. 8.3 zeigen wir eine schematische Darstellung. Der Hüpfprozess hat jetzt eine Vorzugsrichtung.

Nach kurzer Rechnung findet man zwei wichtige Grenzfälle, wobei die kritische elektrische Stromdichte j_C maßgebend ist, bei der der Energiegewinn durch die Lorentz-Kraft die Tiefe des Potenzialtopfs exakt kompensiert: $\Delta U = U_0$. Im Grenzfall von thermisch aktiviertem Flux Flow (TAFF limit), $j \ll jc$, gilt:

$$E = 2\rho_c \cdot \exp\left(-\frac{U_o}{k_B T}\right) \cdot \frac{U_o}{k_B T} \cdot j \tag{8.5}$$

und im Grenzfall $j \approx jc$:

$$E \approx \rho_c \cdot \exp\left[-\frac{U_o}{k_B T}\left(1 - \frac{j}{j_c}\right)\right] \cdot j_c \tag{8.6}$$

Im TAFF-Grenzfall erhalten wir das *Ohm'sche Gesetz* (8.5). Der Widerstand E/j ist jedoch aufgrund des Faktors $\exp(-U_o/k_B T)$ stark reduziert. Den Grenzfall $j \approx jc$ von (8.6) bezeichnet man als *Fluss-Kriechen* (flux creep) mit der Strom-abhängigen

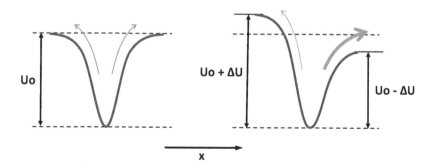

Abb. 8.3 Thermisch aktivierte Bewegung magnetischer Flussquanten. *Links* Ohne eine äußere Kraft zeigen die Flusssprünge keine Vorzugsrichtung. *Rechts* In Anwesenheit einer äußeren Kraft zeigen die Flusssprünge eine Vorzugsrichtung

effektiven Energie $U_{eff} = U_0 (1 - j/j_c)$ der Barriere. Dieser Strom-abhängige Exponent in (8.6) verursacht häufig einen starken Anstieg von E mit wachsendem j über viele Größenordnungen.

Der Fall $j \gg j_c$ wird als *Flux-Flow* bezeichnet, für den Pinning-Effekte zu vernachlässigen sind, ebenso wie bei einer perfekt homogenen Probe. (Im letzteren Fall spielen lediglich die Ränder der Probe als räumliche Inhomogenität eine Rolle.) Abb. 8.4 zeigt eine Zusammenfassung der verschiedenen Bereiche, die wir diskutiert haben.

Abb. 8.4 Elektrisches Feld E in Abhängigkeit von der elektrischen Stromdichte J für die verschiedenen Bereiche des physikalischen Verhaltens der magnetischen Flussquanten

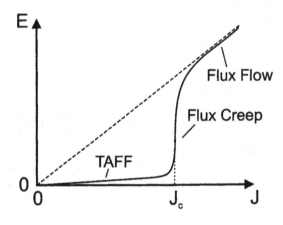

Kuprat-Supraleiter

9

Die Entdeckung der sog. *Hochtemperatur-Supraleiter* durch Johannes Georg Bednorz und Karl Alexander Müller im Jahr 1986 lieferte den Startschuss für eine neue Epoche auf dem Gebiet der Supraleitung. Die beiden hatten in Verbindungen aus Barium (Ba), Lanthan (La), Kupfer (Cu) und Sauerstoff (O) mit fallender Temperatur eine plötzliche Abnahme des elektrischen Widerstands um mindestens drei Größenordnungen gefunden. Der Abfall hatte bei etwa 35 K eingesetzt, und es bestand die Vermutung, dass es sich um eine neue Art von Supraleitung handelte. Da die Supraleitung bei Temperaturen einsetzte, die bis zu 12 K höher lagen als der damals schon seit 12 Jahren bestehende Rekordwert der kritischen Temperatur von 23.2 K für die Verbindung Nb_3Ge, war aber Vorsicht und Skepsis geboten.

Im Fall von Bednorz und Müller dauerte die Zeit der Skepsis aber nicht lange, da ihre Ergebnisse schon Ende 1986 bestätigt wurden. Einen sensationellen Fortschritt berichteten dann 1987 Paul Ching-Wu Chu und Mitarbeiter: In einer Modifikation der ursprünglichen Oxide, bei der das größere Lanthanatom durch das kleinere Yttriumatom ersetzt war, beobachteten sie den enormen Anstieg der kritischen Temperatur auf 92 K. Die kritische Temperatur von 92 K dieses gerade entdeckten neuen Materials $YBa_2Cu_3O_7$ (abgekürzt YBCO) liegt sogar deutlich oberhalb der Siedetemperatur von 77 K für flüssigen Stickstoff. Jetzt konnte das relativ teure flüssige Helium als Kühlmittel durch den viel billigeren flüssigen Stickstoff ersetzt werden.

Einen Überblick über den zeitlichen Verlauf der Entdeckung der verschiedenen Supraleiter mit ihrer kritischen Temperatur T_C zeigt Abb. 9.1.

Die neue Klasse der „Kuprat-Supraleiter" (Abb. 9.2) besteht aus Oxiden mit Perowskit-Struktur. Sie sind aus Kupferoxid(CuO_2)-Ebenen aufgebaut, in denen die Kupfer- und Sauerstoffatome ein zweidimensionales Gitter bilden. Die kristallografischen Einheitszellen der jeweiligen Verbindung enthalten eine unterschiedliche

© Springer Fachmedien Wiesbaden GmbH 2017
R.P. Huebener, *Geschichte und Theorie der Supraleiter,* essentials,
DOI 10.1007/978-3-658-19383-6_9

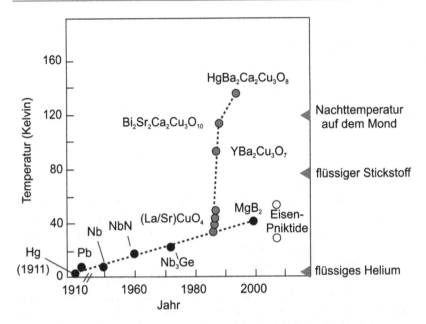

Abb. 9.1 Kritische Temperatur T_C aufgetragen über der Jahreszahl der Entdeckung verschiedener Supraleiter. Der steile Kurvenast rechts zeigt einige Hochtemperatur-Supraleiter. (R. Kleiner)

Anzahl von Kupferoxid-Ebenen. Bei den Kuprat-Supraleitern unterscheidet man fünf Hauptfamilien, deren „Stammväter" und kritische Temperaturen T_c in Tab. 9.1 zusammengestellt sind.

Die Kupferoxid-Ebenen der Kuprate bestimmen die elektrischen und insbesondere die supraleitenden Eigenschaften. Dabei spielt die Dotierung mit elektrischen Ladungsträgern eine wichtige Rolle. Im undotierten Zustand sind die Kuprate zunächst elektrische Isolatoren. Die Elementarmagnete der Kupferatome in den CuO_2-Ebenen sind hierbei abwechselnd entgegengesetzt orientiert (Antiferromagnetismus). Supraleitung kommt erst zustande, wenn die Elektronenkonzentration in den CuO_2-Ebenen durch *Dotierung mit Löchern* reduziert wird. Beispielsweise wird diese Löcherdotierung durch den Entzug von Sauerstoff bewirkt. Allerdings tritt Supraleitung nur in einem relativ schmalen Konzentrationsbereich der Dotierung auf, sodass die Sauerstoffkonzentration bei der Materialpräparation sorgfältig kontrolliert werden muss. In Tab. 9.1 sind die Werte der kritischen Temperatur für den Fall der optimalen Dotierung mit Löchern angegeben. Der höchste bisher

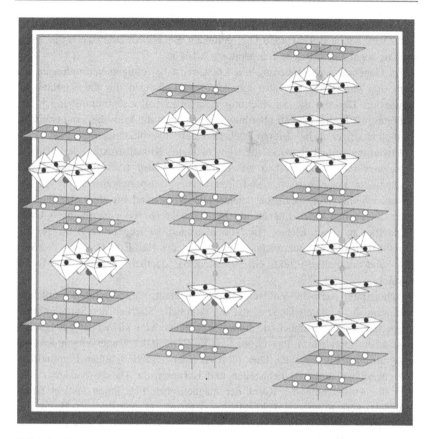

Abb. 9.2 Kristallstruktur verschiedener Kuprat-Supraleiter. An den 6 Ecken der hellen Oktaeder bzw. an den 5 Ecken der hellen Pyramiden befinden sich Sauerstoffatome. Die Zentren der Oktaeder bzw. der Grundflächen der Pyramiden sind durch Kupferatome besetzt (IBM)

Tab. 9.1 Kritische Temperaturen verschiedener Hochtemperatur-Supraleiter

Verbindung	T_c (K)
$La_{2-x}Sr_xCuO_4$	38
$YBa_2Cu_3O_{7-x}$	92
$Bi_2Sr_2CaCu_2O_{8+x}$	110
$Tl_2Ba_2Ca_2Cu_3O_{10+x}$	125
$HgBa_2Ca_2Cu_3O_{8+x}$	133

bei Normaldruck beobachtete Wert der kritischen Temperatur, $T_C = 133$ K, wurde in der Verbindung $HgBa_2Ca_2Cu_3O_{8+x}$ gefunden. Bei hohem Druck zeigt diese Verbindung sogar eine kritische Temperatur von 164 K.

Im Gegensatz zur Dotierung mit Löchern ist bei einigen Verbindungen die *Dotierung mit Elektronen,* also mit negativen Ladungen, für die Supraleitung notwendig. Der für die Supraleitung erforderliche Konzentrationsbereich der Dotierung ist in diesem Fall allerdings geringer und die kritische Temperatur ist deutlich niedriger als bei den mit Löchern dotierten Verbindungen.

Erwartungsgemäß bewirkt die geschichtete Kristallstruktur der Kuprat-Supraleiter mit ihrem Aufbau aus den CuO_2-Ebenen (Abb. 9.2) eine starke Abhängigkeit der elektrischen und thermischen Transporteigenschaften von der Kristallrichtung. Der spezifische elektrische Widerstand im Normalzustand ist senkrecht zu den CuO_2-Ebenen um bis zu mehreren Größenordnungen höher als parallel zu diesen Ebenen. Im Normalzustand der Kuprate zeigt die Temperaturabhängigkeit des elektrischen Widerstands, des Hall-Effekts, sowie des Seebeck- und des Peltier-Effekts ein Verhalten, das deutlich von dem der Metalle abweicht.

Schon bald nach der Entdeckung der Hochtemperatur-Supraleiter erkannte man, dass die Kohärenzlänge ξ, die die räumliche Starrheit der Supraleitungseigenschaften kennzeichnet, in diesen Materialien viel kleiner ist als bei den klassischen Supraleitern. Ihre Größe liegt im Bereich der Abmessungen der kristallografischen Einheitszelle. Dies führt zu einer besonders hohen Empfindlichkeit gegenüber atomaren Fehlstellen und Korngrenzen. Da die Kohärenzlänge auch die Ausdehnung des Kerns der magnetischen Flusslinien festlegt (siehe Abb. 5.3), wirken atomare Fehlstellen und Korngrenzen bereits als Haftstellen für magnetische Flußquanten. Aus der Dichte der Kondensationsenergie von (2.4) erkennen wir, dass pro Längeneinheit der magnetischen Flusslinie für den normalen Kern die Kondensationsenergie $\left(H_C^2/8\pi\right)\pi\xi^2$ aufzubringen ist. Diese Energie kann ganz oder teilweise eingespart werden, wenn der Kern der Flusslinie durch ein Gebiet des Supraleiters verläuft, in dem die Supraleitung bereits durch die Materialinhomogenität eines Haftzentrums unterdrückt ist.

Die granulare Struktur und räumliche Inhomogenität der Kuprat-Supraleiter war zunächst eine Schwierigkeit, die zu überwinden war, wenn technische Anwendungen dieser Materialien realisiert werden sollten. In Abb. 9.3 zeigen wir ein frühes Beispiel anhand einer der ersten präparierten dünnen Schichten des Kuprat-Supraleiters $Y_1Ba_2Cu_3O_7$ mit weiteren Erläuterungen in der Bildlegende.

Auch schon früh konnte bei den Kuprat-Supraleitern die Frage geklärt werden, ob die Bildung von Cooper-Paaren der zentrale Mechanismus für die Supraleitung ist, so wie bei den klassischen Supraleitern. Die positive Antwort wurde

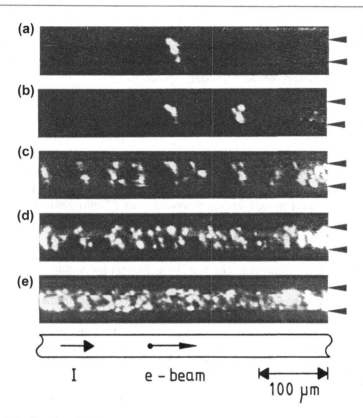

Abb. 9.3 Granulare Struktur einer der ersten präparierten dünnen Schichten des Kuprat-Supraleiters $Y_1Ba_2Cu_3O_7$. Die im Bild horizontal verlaufende Schicht hat eine Breite von 30 µm. Die Pfeilspitzen rechts markieren den oberen und den unteren Rand der Schicht. Helle Stellen geben die Orte an, an denen in der Schicht elektrischer Widerstand bei elektrischer Strombelastung auftritt. Die dunklen Stellen sind supraleitend. Bei der Bilderserie (a) bis (e) wurde der elektrische Strom von 0.7 mA bei (a) auf 8.7 mA bei (e) sukzessive erhöht. Die Bilder zeigen die starke räumliche Inhomogenität der Schicht mit großen Schwankungen in der lokalen kritischen elektrischen Stromdichte. Die Bilder wurden mit der Methode der Tieftemperatur-Rasterelektronmikroskopie aufgenommen. Die Temperatur betrug 53 K

aufgrund der Größe des magnetischen Flussquants und der Relation zwischen elektrischer Spannung und Frequenz beim Josephson-Effekt gefunden, wobei stets die doppelte Elementarladung der Cooper-Paare auftrat. Der mikroskopische Paarungsmechanismus ist bei den Kupraten jedoch noch nicht aufgeklärt.

Das obere kritische Magnetfeld H^2_C ist in den Kuprat-Supraleitern bis zu mehr als hundert- bis zweihundertmal größer als die höchsten Werte bei den klassischen Supraleitern. Dies lässt sich anhand der Ginzburg-Landau-Theorie und der extrem kleinen Werte der Kohärenzlänge verstehen.

9.1   Symmetrie der Wellenfunktion

Bei dem Hinweis auf die Ginzburg-Landau-Theorie in Kap. 5 und auf die BCS-Theorie in Kap. 6 hatten wir die makroskopische Wellenfunktion (5.1) zur Beschreibung des Zustands der supraleitenden Elektronen vorgestellt. Im Fall der Kuprat-Supraleiter müssen wir die Symmetrie dieser Wellenfunktion besonders diskutieren. Bei den klassischen Supraleitern ist die Wellenfunktion im Allgemeinen isotrop (s-Wellen-Symmetrie). Bei den Kupraten ist jedoch der Schichtaufbau mit den CuO_2-Ebenen schon zu berücksichtigen. Zur Veranschaulichung der Symmetrie der Wellenfunktion ist eine Darstellung im Impulsraum zweckmäßig. Im zweidimensionalen **k**-Raum, der von k_x und k_y aufgespannt ist, wird die Amplitude der Wellenfunktion in Abhängigkeit von der Richtung aufgetragen.

Im Fall der mit Löchern dotierten Hochtemperatur-Supraleiter zeigt die Wellenfunktion eine starke Richtungsabhängigkeit, die durch die atomaren d-Orbitale der Kupferatome in den CuO_2-Ebenen bestimmt ist. In Abb. 9.4 zeigen wir die polare Auftragung der Amplitude der Wellenfunktion im zweidimensionalen **k**-Raum mit den vier Keulen der d-Orbitale. In Abhängigkeit von dem Polarwinkel erkennen wir die Knoten und Bäuche sowie das abwechselnde Vorzeichen.

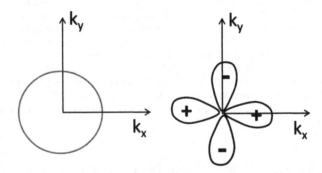

Abb. 9.4 Darstellung der Wellenfunktion mit s-Wellen-Symmetrie (links) und mit $d_{x^2-y^2}$ -Symmetrie (rechts) im **k**-Raum (k_x–k_y-Ebene). Die letztgenannte Symmetrie dominiert in den CuO_2-Ebenen der Kuprat-Supraleiter

Abb. 9.5 Schema des quadratischen CuO_2-Gitters. Die Einheitszelle ist mit der durchgezogenen Linie markiert. Die Gitterkonstante a ist angedeutet

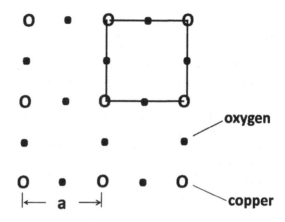

Die kristallografische Anordnung der Knoten und Bäuche ist für den Fall der $d_{x^2-y^2}$ Symmetrie gezeigt. Der isotrope Fall mit s-Wellen-Symmetrie ist zum Vergleich ebenfalls gezeigt. Um die Richtungen der Knoten und Bäuche zu identifizieren, zeigen wir in Abb. 9.5 den Fall des quadratischen CuO_2-Gitters in den CuO_2-Ebenen.

Der Vorzeichenwechsel der Wellenfunktion beim Umlauf um den Koordinatenursprung in der Ebene $k_x - k_y$ und der viermalige Nulldurchgang der Amplitude an den Knoten haben deutliche Auswirkungen auf die supraleitenden Eigenschaften der Materialien mit d-Wellen-Symmetrie. Die Energielücke verschwindet an den Knoten und steigt auf beiden Seiten wieder an.

9.2 Vortex-Materie

Die geschichtete Struktur der Kuprat-Supraleiter mit den übereinanderliegenden CuO_2-Ebenen hat starke Auswirkungen auf das Vortex-Gitter im supraleitenden Mischzustand. Hier beschränken wir uns auf den Fall, für den das Magnetfeld senkrecht zu den CuO_2-Ebenen orientiert ist. Die magnetischen Flusslinien bestehen jetzt aus einzelnen kleinen Scheibchen, da die supraleitende Eigenschaft auf die CuO_2-Ebenen beschränkt ist. Die genannten Scheibchen werden auch als Pfannkuchen *(pancakes)* bezeichnet. Aufgrund dieser Zerlegung der einzelnen Flusslinien besitzt das Vortex-Gitter zahlreiche neue Eigenschaften. In der Literatur wird diese Neuartigkeit unter der Bezeichnung Vortex-Materie *(vortex matter)* zusammengefasst. Beispielsweise können jetzt einzelne Scheibchen ihre aufeinander gestapelte Anordnung verlassen, was als Schmelzen und Verdampfen der Vortex-Materie angesehen werden kann.

Die neuen Eigenschaften der Vortex-Materie treten besonders beim elektrischen Widerstandsverhalten und den elektrischen Verlusten in Erscheinung. Wie wir in Kap. 8 besprochen haben, ist die Bewegung der magnetischen Flusslinien unter dem Einfluss der Lorentz-Kraft die Hauptursache für die elektrischen Verluste. Dies wird umso schwerwiegender, wenn schon einzelne Teile der magnetischen Flusslinien als kleine Scheibchen in Bewegung geraten können. Der Einbau von wirkungsvollen Haftzentren erhält deshalb besondere Bedeutung. Aufgrund der kleinen Kohärenzlänge der Kuprate sind hier Haftzentren auf atomarer Längenskala, wie fehlende Sauerstoffatome in den CuO_2-Ebenen und Korngrenzen, bereits wirkungsvoll.

9.3   Korngrenzen

Die granulare Struktur der oxidischen Kuprat-Supraleiter mit den zahlreichen Korngrenzen war von Anfang an eine große Herausforderung, da innerhalb der Korngrenzen die Supraleitung im Allgemeinen unterbrochen ist. Es bestand somit die Aufgabe, die Anzahl der Korngrenzen so weit wie möglich zu reduzieren. Ferner waren die physikalischen Eigenschaften der Korngrenzen aufzuklären.

Mithilfe der schon weit entwickelten Dünnschicht-Technologie gelang es bald, einkristalline dünne Schichten der Hochtemperatur-Supraleiter auf geeigneten Substraten herzustellen. Kritische elektrische Stromdichten von mehr als eine Million A/cm^2 konnten schon bei der Siedetemperatur des flüssigen Stickstoffs von 77 K erzielt werden.

Für die Untersuchung der Korngrenzen hat sich die sogenannte „Bikristall-Technik" gut bewährt. Sie beruht auf folgender Tatsache. Beim epitaktischen Wachstum der Hochtemperatur-Supraleiterschicht wird die Kristallorientierung des einkristallinen Substrats exakt auf die darüberliegende Supraleiterschicht übertragen. Verwendet man als Substrat einen speziell präparierten Bikristall, bei dem eine atomar scharfe Korngrenze zwei verschieden orientierte Kristallbereiche voneinander trennt, dann überträgt sich die Korngrenze des Substrats exakt auf die darüber präparierte Supraleiterschicht. In Abb. 9.6 zeigen wir die schematische Darstellung eines Bikristalls. Diese Bikristall-Technik hat sich in vielen Experimenten gut bewährt. Insbesondere ist sie bei der Realisierung des Josephson-Effekts in Hochtemperatur-Supraleitern sehr erfolgreich. Die Bikristall-Technik wird heute bei der Fabrikation von SQUIDs (siehe Abschn. 12.1) auf der Basis von Hochtemperatur-Supraleitern vielfach verwendet.

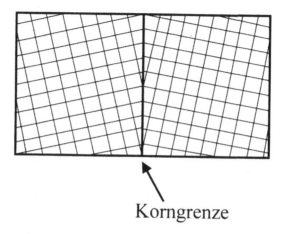

Korngrenze

Abb. 9.6 Bikristall-Technik zur kontrollierten Präparation einer einzelnen Korngrenze in einer Kuprat-Supraleiterschicht. Als Substrat wird ein künstlich hergestellter Bikristall benutzt, bei dem zwei verschieden orientierte einkristalline Kristallteile durch eine atomar scharfe Korngrenze voneinander getrennt sind. Die Korngrenze im Substrat überträgt sich dann exakt auf die darüber präparierte Supraleiterschicht. Auf beiden Seiten der Korngrenze befinden sich einkristalline Supraleiterschichten mit verschiedener Kristallorientierung

Am Schluss dieses Abschnitts wollen wir noch den speziellen Fall besprechen, wenn mithilfe der Bikristall-Technik eine Anordnung fabriziert wird, bei der zwei Keulen der Supraleiter-d-Wellenfunktion mit verschiedenem Vorzeichen aufeinandertreffen. Diese Anordnung wird als π-Kontakt bezeichnet. Wird ein solcher π-Kontakt in einen geschlossenen supraleitenden Ring eingebaut, liegt sogenannte Frustration vor, bei der die Eindeutigkeit der Wellenfunktion zerstört ist. (Bei einem vollständigen Umlauf bleibt ein Vorzeichenwechsel der Wellenfunktion übrig.) In diesem Fall wird die Frustration durch die spontane Erzeugung eines halbzahligen magnetischen Flussquants aufgehoben.

In einem berühmten Experiment haben Chang C. Tsuei und Mitarbeiter mit dieser Technik die d-Wellen-Symmetrie der Cooper-Paar-Wellenfunktion für die mit Löchern dotierten Hochtemperatur-Supraleiter nachgewiesen. In Abb. 9.7 zeigen wir ihr Ergebnis. Sie verwendeten als Substrat einen Trikristall, bei dem drei einkristalline Kristallbereiche so angeordnet sind, dass an einer der drei erzeugten Korngrenzen ein Vorzeichenwechsel der Wellenfunktion zwischen beiden Seiten auftritt und so ein π-Kontakt vorliegt. Die Frustration wird dadurch aufgehoben, dass am gemeinsamen Treffpunkt der drei Korngrenzen spontan ein genau

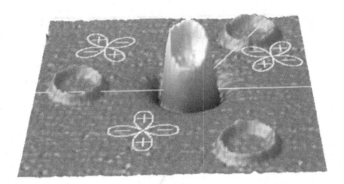

Abb. 9.7 Trikristall-Experiment von Tsuei zum Nachweis der d-Wellen-Symmetrie der quantenmechanischen Cooper-Paar-Wellenfunktion in dem Kuprat-Supraleiter $Y_1Ba_2Cu_3O_7$. Das Substrat ist ein künstlich hergestellter Trikristall, bei dem drei verschieden orientierte einkristalline Kristallteile durch atomar scharfe Korngrenzen voneinander getrennt sind. Diese Kristallstruktur mit ihren Korngrenzen überträgt sich exakt auf die darüber präparierte Supraleiterschicht. Die Korngrenzen sind durch die geraden weißen Linien markiert. In den drei durch die Korngrenzen voneinander getrennten Kristallteilen ist die verschieden orientierte d-Wellen-Symmetrie der Cooper-Paar-Wellenfunktion durch die weißen vierblättrigen Figuren angedeutet. An verschiedenen Stellen sind aus der YBaCuO-Schicht insgesamt vier supraleitende Ringe fabriziert, während der restliche Teil der Schicht entfernt wurde. Die Orientierungen der drei Kristallteile sind so gewählt, dass bei vorhandener d-Wellen-Symmetrie der Wellenfunktion in dem Ring um den gemeinsamen Treffpunkt der drei Kristallteile spontan ein exakt halbzahliges magnetisches Flussquant erzeugt wird, während sich bei den übrigen drei Ringen nichts ereignet. Das Bild wurde mithilfe eines SQUID-Rastermikroskops gewonnen und zeigt in dem mittleren Ring um den gemeinsamen Treffpunkt der drei Kristallteile das halbzahlige magnetische Flussquant. Die übrigen Ringe bleiben nur schwach angedeutet (C. C. Tsuei)

halbzahliges magnetisches Flussquant gebildet wird. Das halbzahlige magnetische Flussquant konnte mithilfe eines SQUID-Rastermikroskops nachgewiesen werden.

9.4   Intrinsischer Josephson-Kontakt

Der Schichtaufbau der Kuprat-Supraleiter mit den supraleitenden CuO_2-Ebenen, die durch schwach leitende Zwischenschichten voneinander getrennt sind, legt die Vermutung nahe, dass es hier einen „intrinsischen Josephson-Effekt" geben müsste. Als Erste haben Reinhold Kleiner und Paul Müller den intrinsischen

Josephson-Effekt 1982 nachgewiesen. Hierbei sind einige hundert bis einige tausend Josephson-Kontakte aufeinandergestapelt. Zunächst hatten Kleiner und Müller kleine $Bi_2Sr_2CaCu_2O_8$(BSCCO)-Einkristalle verwendet, die zwischen zwei Kontaktstifte geklemmt waren. So konnte ein elektrischer Strom senkrecht zu den CuO_2-Ebenen durch den Kristall geleitet werden. Sobald an den Kontakten oberhalb einer kritischen Stromstärke eine elektrische Spannung auftrat, wurde entsprechend der zweiten Josephson-Gleichung (7.2) anhand der emittierten Mikrowellen ein hochfrequenter Josephson-Wechselstrom beobachtet. Die emittierte Leistung der elektromagnetischen Strahlung ließ sich deshalb nachweisen, weil sie proportional zum Quadrat der großen Anzahl der aufeinandergestapelten und synchron oszillierenden Josephson-Kontakte im Kristall anwächst.

Inzwischen ist diese Technik weiterentwickelt worden. Man verwendet heute BSCCO-Türme, sogenannte „Mesas", die auf einem Substrat hergestellt sind und eine elektrische Kontaktierung tragen. Das Prinzip ist in Abb. 9.8 gezeigt. Die Technik findet besonderes Interesse als Strahlungsquelle für Mikrowellen im Frequenzbereich 0.5–2 Terahertz, da dieser Frequenzbereich bisher nur wenig erschlossen ist. Zurzeit werden im Terahertz-Bereich für einzelne Mesas Mikrowellenleistungen von einigen zehn μW erreicht. Man versucht, durch Synchronisation von Netzwerken aus mehreren Mesas diese Leistung noch weiter zu erhöhen.

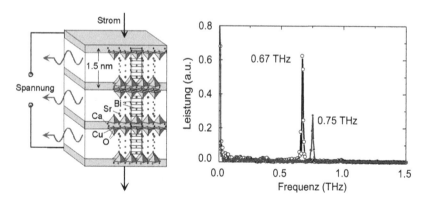

Abb. 9.8 Intrinsischer Josephson-Kontakt als Mikrowellen-Quelle. (links) Schema eines Stapels von drei Josephson-Kontakten eines supraleitenden $Bi_2Sr_2CaCu_2O_8$(BSCCO)-Kristalls. Die (dunkel gezeichneten) Kupferoxid-Ebenen verlaufen durch die Basis der CuO-Pyramiden. (rechts) Emittiertes Mikrowellen-Spektrum eines BSCCO-Kristalls (R. Kleiner)

MgB$_2$, Eisen-Pniktide

10

Die Suche nach neuen Supraleitern ging auch nach der Entdeckung der Kuprat-Supraleiter weiter. Wir wollen kurz die wichtigsten Entwicklungen schildern. 2001 berichteten Jun Akimitsu und Mitarbeiter aus Tokyo die Entdeckung von Supraleitung in der Verbindung Magnesiumdiborid (MgB$_2$) mit der kritischen Temperatur $T_C = 39$ K. Dies war sehr überraschend, da die beiden Elemente Magnesium und Bor selbst nicht supraleitend sind und die Verbindung schon lange gut bekannt war. Die hexagonale Kristallstruktur von MgB$_2$ zeigt einen geschichteten Aufbau aus abwechselnd angeordneten Ebenen aus Magnesium- und Boratomen. Auch hier ist die Bildung von Cooper-Paaren aufgrund der Elektron-Phonon-Wechselwirkung die Grundlage der Supraleitung. Bei MgB$_2$ liegt jedoch der Fall von sogenannter *Zweiband-Supraleitung* vor, bei dem Ladungsträger aus zwei Energiebändern unterschiedlich zur Supraleitung beitragen. Die Wellenfunktion der Cooper-Paare zeigt keine deutliche Richtungsabhängigkeit.

Die Entdeckung der eisen- und arsenhaltigen Pniktide im Jahr 2008 durch Hideo Hosono und Mitarbeiter in Japan war ein weiterer wichtiger Schritt. Es begann mit der Verbindung LaOFeAs aus Lanthan (La), Sauerstoff (O), Eisen (Fe) und Arsen (As), die noch mit Fluor (F) dotiert war. In der Verbindung LaO$_{1-x}$F$_x$FeAs wurde für $x = 0,07$ die kritische Temperatur $T_C = 26$ K beobachtet. Auch andere Elemente der Leichten Seltenen Erden (Rare Earths, Re) wie Praseodym (Pr), Neodym (Nd) oder Samarium (Sm) anstelle des Lanthans ergaben supraleitende Verbindungen innerhalb der Familie ReO$_{1-x}$F$_x$FeAs. Werte der kritischen Temperatur bis zu dem Rekordwert $T_C = 56$ K in Sr$_{0,5}$Sm$_{0,5}$FeAsF wurden beobachtet. In ihren elektronischen Transporteigenschaften zeigen die Pniktide keine ausgeprägte Anisotropie. Die wichtigen Strukturelemente sind ebene Lagen von Eisenatomen, die von tetraedrisch angeordneten As- oder Se-Anionen umgeben sind und die die Rolle der CuO-Ebenen in den Kupraten

© Springer Fachmedien Wiesbaden GmbH 2017
R.P. Huebener, *Geschichte und Theorie der Supraleiter, essentials*,
DOI 10.1007/978-3-658-19383-6_10

Abb. 10.1 Lagen von FeAs (oder ähnlich von FeSe), die zwischen Lagen von Lanthan-Oxid angeordnet und eventuell mit Fluor dotiert sind

spielen (Abb. 10.1). Die Lagen sind aufeinandergestapelt und dabei durch blockierende Lagen aus Alkaliatomen, Elementen der alkalischen Erden oder der Seltenen Erden und Sauerstoffatomen voneinander getrennt. Zur Dotierung ist Sauerstoff teilweise durch Fluor ersetzt.

Ähnlich wie im Fall der Kuprate 22 Jahre zuvor entwickelten sich die Forschungen an den Eisen-Pniktiden weltweit explosionsartig. Ähnlich wie bei den Kupraten sind die Eisen-Pniktide im undotierten Zustand magnetisch geordnet. Anders als bei den Kupraten sind sie aber elektrisch leitend. Sie sind ein antiferromagnetisches Halbmetall. Es scheint, dass in diesem Fall Supraleitung und Magnetismus zusammenhängen. In Abb. 10.2 zeigen wir eine Übersicht über die verschiedenen Eisen-Pniktide, die bis 2015 entdeckt wurden. Die verschiedenen Familien sind jeweils durch die Bezeichnung 11, 111, 122, 1111 usw. gekennzeichnet. Bis 2010 wurden mehr als 50 Eisen-Pniktide gefunden. Der Paarungsmechanismus ist noch unklar. Viele Hinweise deuten allerdings auf magnetische Spin-Fluktuationen als Grundlage für die Bildung der Cooper-Paare.

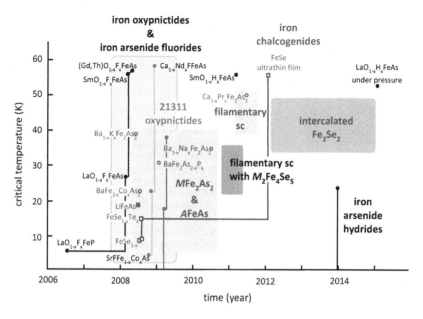

Abb. 10.2 Kritische Temperatur T$_C$ der verschiedenen Eisen-Pniktid-Supraleiter aufgetragen gegen die Zeit der Entdeckung. (Silvia Haindl)

Supraleitung in Grenzflächen und Monolagen

Im Jahr 2015 machte eine Mitteilung Schlagzeilen, dass in FeSe-Monolagen Supraleitung mit einer kritischen Temperatur oberhalb 100 K beobachtet wurde. Die Entdeckung kam aus China (das nach dem Ende der Kulturrevolution 1971 einen gewaltigen Aufschwung erlebt, der sich auch auf die Naturwissenschaften erstreckt). Hinweise auf *Supraleitung in FeSe-Monolagen* hatte es schon 2012 von einer anderen chinesischen Gruppe gegeben. Die Monolagen waren auf speziell bearbeiteten $SrTiO_3$-Substraten durch Molekularstrahl-Epitaxie (molecular beam epitaxy, MBE) präpariert. Die dünnen Schichten waren besonders empfindlich und mussten im Vakuum aufbewahrt oder durch eine Deckschicht vor Zerstörung geschützt werden.

Aufgrund der großen Fortschritte im Bereich der Dünnschichttechnologie hat sich die Erforschung von Supraleitung in Grenzflächen und Monolagen in den letzten Jahren stürmisch entwickelt. Molekularstrahl-Epitaxie, gepulste Laserabscheidung und Sputtern sind die wichtigsten Techniken für die Präparation der neuen Materialien. Rastertunnelmikroskopie (scanning tunneling microscopy, STM) und winkelaufgelöste Photoemissionsspektroskopie (angle-resolved photoemission spectroscopy, ARPES) sind hierbei unverzichtbare analytische Methoden zur Untersuchung der elektronischen Eigenschaften.

Bevor elektrische Widerstandsmessungen an den $FeSe/SrTiO_3$-Monolagen das Einsetzen der Supraleitung bei 109 K gefunden hatten, gab es schon Hinweise auf einen supraleitenden Zustand durch Tunnelexperimente. Diese zeigten, dass die Energielücke in den FeSe-Monolagen etwa zehnmal größer als in FeSe-Kristallen ist und dass somit auch die kritische Temperatur entsprechend höher sein sollte. In kristalliner Form ist FeSe ein Supraleiter mit einer kritischen Temperatur von 8 K. Offenbar ist die Elektron-Phonon(Elektron-Boson)-Kopplung zwischen den Elektronen in den Grenzflächen deutlich vergrößert. Ferner können mechanische

© Springer Fachmedien Wiesbaden GmbH 2017
R.P. Huebener, *Geschichte und Theorie der Supraleiter*, essentials,
DOI 10.1007/978-3-658-19383-6_11

Spannungen in den epitaktischen Filmen eine Rolle spielen. Die FeSe-Monolagen zeigen eine ausgeprägte zweidimensionale Geometrie und sind aufgrund der
Abwesenheit einer k_z-Komponente des Wellenvektors (die in den anderen Fe-
basierten Supraleitern eine Rolle spielt) somit einfacher theoretisch zu behandeln.
In den zwei Dimensionen ist die Energielücke isotrop und zeigt keine Nullstel-
len (Knotenpunkte). Bei der Temperatur von 3 K wurde (im Hochvakuum) eine
kritische elektrische Stromdichte von $1,3 \cdot 10^7$ A/cm^2 gemessen, falls die Mono-
lage keine schützende Deckschicht trug. Mit einer Schutzschicht reduzierte sich
diese kritische Stromdichte auf etwa 10^6 A/cm^2. Schon bei einer Dicke der FeSe-
Schicht von zwei Einheitszellen und darüber verschwindet die Supraleitung.

Die chemische und strukturelle Ähnlichkeit vieler Oxide erlaubt die Kombi-
nation von Materialien mit unterschiedlichen elektronischen Eigenschaften. Erste
Hinweise auf *Supraleitung in Grenzflächen* lieferte das System LaAlO$_3$/SrTiO$_3$
mit seiner Grenzfläche zwischen zwei Bandisolatoren. 2004 wurde elektrische
Leitfähigkeit und 2007 Supraleitung in der Grenzfläche entdeckt. Die Cooper
Paare existieren offenbar in der leitenden Grenzschicht, wobei die Ursache für die
Paarung im nicht leitenden benachbarten Material zu suchen ist. Dies erinnert an
ähnliche Ideen, die schon lange vorher von V. L. Ginzburg (1964), D. Allender,
J. Bray und J. Bardeen (1973) sowie von W. Little und H. Gutfreund (1971) publiziert wurden. Im kristallinen Zustand sind LaAlO$_3$ und SrTiO$_3$ elektrische Isolatoren mit einer beachtlichen Energielücke zwischen Valenz- und Leitungsband
von jeweils 5,6 eV und 3,2 eV. Die elektrisch leitende Grenzfläche bildet sich aus,
falls ein epitaktischer Film von LaAlO$_3$ mit einer Dicke von mehr als drei Einheitszellen auf einen SrTiO$_3$-Einkristall aufgebracht wird. Die Kristallstruktur von
LaAlO$_3$ (SrTiO$_3$) besteht aus aufeinander folgenden Lagen von LaO und AlO$_2$
(SrO und TiO$_2$). Während die SrO- und TiO$_2$-Lagen ladungsneutral sind, tragen
die LaO- und AlO$_2$-Lagen jeweils eine positive bzw. negative Ladung. Auf diese
Weise kommt eine elektrische Potenzialdifferenz zwischen der Grenzfläche und
der LaO-Oberfläche zustande. Zur Kompensation dieser Potenzialdifferenz wurden verschiedene Mechanismen eines Ladungstransfers zur SrTiO$_3$-Oberfläche
vorgeschlagen, wodurch dort eine elektrisch leitende Elektronenflüssigkeit erzeugt
wird. Die örtliche Eingeschlossenheit der Elektronen in einem Potenzialtopf
(quantum confinement) ist hierbei auch noch zu berücksichtigen.

Zur Untersuchung der Supraleitung in der LaAlO$_3$/SrTiO$_3$-Grenzfläche ist es
zweckmäßig, die Ladungsträgerdotierung der zweidimensionalen Elektronenflüssigkeit mithilfe einer Gate-Elektrode auf der hinteren Seite des SrTiO$_3$-Substrats
und des Feldeffekts zu verändern. In Abhängigkeit von der Dotierung der Grenzfläche zeigt der Übergang zur Supraleitung einen Dom-artigen Verlauf mit einem

Maximalwert von T_C von etwa 300 mK. Mithilfe des Feldeffekts lässt sich die Supraleitung bei tiefen Temperaturen reversibel ein- und ausschalten.

Ein ähnliches Resultat zeigt sich auch im halbleitenden Zustand: Nach Dotierung ist $SrTiO_3$ ebenfalls supraleitend. Die kritische Temperatur zeigt ebenfalls einen Dom-artigen Verlauf in Abhängigkeit von der Dotierung mit einem Maximalwert von etwa 300 mK.

Ähnlich wie bei $LaAlO_3/SrTiO_3$ wurde an der Grenzfläche von $LaTiO_3$ und $SrTiO_3$ ebenfalls Supraleitung gefunden.

Im Zweidimensionalen verhalten sich Materialien anders als im Dreidimensionalen. Dies führt zu neuen physikalischen Effekten, die mit wachsender Intensität erforscht werden. Das Gebiet der Supraleitung in Grenzflächen und Monolagen steckt erst am Anfang und verspricht, interessant zu bleiben.

Technische Anwendungen

12

12.1 Mikroelektronik

Die Anwendungen der Supraleitung in der Mikroelektronik beruhen im Wesentlichen auf zwei Tatsachen: der magnetischen Fluss Quantisierung und dem Josephson-Effekt. In beiden Fällen spielen ein makroskopischer Quanteneffekt und die Beschreibung des Zustands der Cooper Paare mit einer quantenmechanischen Wellenfunktion die zentrale Rolle. Ein charakteristisches Beispiel ist das SQUID (abgekürzt von der englischen Bezeichnung **S**uperconducting **Q**uantum **I**nterference **D**evice). Das Prinzip zeigt Abb. 12.1. In eine geschlossene supraleitende Schleife sind zwei parallel geschaltete Josephson Kontakte eingebaut. Aufgrund der magnetischen Fluss-Quantisierung kann der Magnetfluss eines äußeren Magnetfelds durch die Schleife nur Werte von ganzen Vielfachen des magnetischen Flussquants annehmen. Diese Bedingung wird dadurch realisiert, dass in der Schleife ein zirkulierender Suprastrom spontan so erzeugt wird, dass sein Magnetfluss zusammen mit dem äußeren Magnetfluss genau ein ganzes Vielfaches eines Flussquants ergibt. (Einen ähnlichen Fall haben wir in Abb. 5.2 schon gezeigt.)

Dies führt zu einer exakt periodischen Modulation des Abschirmstroms in der Schleife in Abhängigkeit von dem äußeren Magnetfeld. Der zirkulierende elektrische Abschirmstrom fließt jetzt zusätzlich zu dem von außen stammenden Strom, sodass der elektrische Spannungsabfall entlang der Schleifenanordnung ebenfalls periodisch moduliert ist. Die Spannungsmessung erlaubt noch die Auflösung eines kleinen Bruchteils einer Modulationsperiode, woraus sich eine hohe Empfindlichkeit für die Magnetfeldmessung ergibt. Die SQUIDs werden heute mithilfe der Dünnschichttechnologie und der integrierten Schaltungstechnik hergestellt.

© Springer Fachmedien Wiesbaden GmbH 2017
R.P. Huebener, *Geschichte und Theorie der Supraleiter,* essentials,
DOI 10.1007/978-3-658-19383-6_12

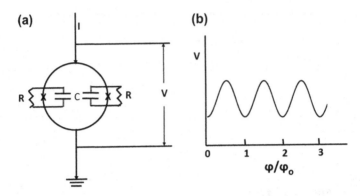

Abb. 12.1 a Ersatzschaltbild des SQUIDs. Die Kreuze (X) in der Stromschleife deuten die Josephson-Kontakte an, die jeweils einen Shunt-Widerstand (R) und eine Shunt-Kapazität (C) enthalten. **b** Spannungsmodulation bei konstantem aufgeprägten Strom in Abhängigkeit von dem magnetischen Fluss φ in der Stromschleife in Einheiten des Flussquants φ_0

Ihre hohe Empfindlichkeit als Sensoren für Magnetfelder macht SQUIDs für viele Anwendungen interessant. In der medizinischen Diagnostik haben sich neue Anwendungsbereiche entwickelt, die die Magnetfelder betreffen, welche durch die elektrischen Ströme bei der Herzaktivität und im Gehirn erzeugt werden. Dadurch haben sich die neuen Gebiete der Magnetokardiografie und der Magnetoenzephalografie entwickelt. In der Hirnforschung werden heute Geräte mit bis zu 275 SQUID-Kanälen verwendet. Die Kanäle mit den einzelnen Sensoren sind dabei dreidimensional um den Kopf der Versuchsperson oder des Patienten angeordnet. In Abb. 12.2 zeigen wir ein Beispiel. In SQUID-Rastermikroskopen werden besonders miniaturisierte SQUIDs verwendet. Ihre hohe Magnetfeldempfindlichkeit in Verbindung mit einer räumlichen Auflösung von nur wenigen μm erlaubt die Abbildung einzelner magnetischer Flussquanten in Supraleitern. Eine Anwendung eines SQUID-Rastermikroskops zeigen wir in Abb. 9.7 von Abschn. 9.3. Weitere Anwendungsmöglichkeiten für SQUIDs finden sich in der zerstörungsfreien Werkstoffprüfung.

Gegenwärtig finden kleine Spin-Systeme in Nano-Teilchen besondere Aufmerksamkeit. Die neueste Entwicklung dieser SQUID-Instrumente ist die Herstellung von ultra-kleinen Geräten auf scharfen Spitzen auf der Nano-Skala (nano-SQUID-on-tip). Durch die Abscheidung von supraleitendem Blei oder Niob auf der Spitze von hohlen Quarz-Röhrchen können SQUID-Schleifen mit einem effektiven Durchmesser von nur 160 nm oder sogar weniger als 100 nm erzielt werden. Eine Abschätzung zeigt, dass das Signal eines einzigen Elektronenspins,

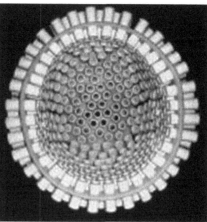

Abb. 12.2 Magnetoenzephalografie. Links: Versuchsperson mit dem über den Kopf gestülpten Helm mit den SQUID-Magnetfeld-Sensoren in einer magnetischen Abschirmkammer. Rechts: Innenansicht eines Helmes mit 151 SQUID Sensoren. (Fotos: MEG International Services Ltd.)

der sich 10 nm unterhalb einer SQUID-on-tip-Schleife befindet, mit einer räumlichen Genauigkeit von etwa 20 nm noch aufgelöst werden kann.

Der Josephson-Effekt findet heute zahlreiche Anwendungen in der sog. *Josephson-Elektronik*. Die zweite Josephson-Gleichung (7.2) besagt, dass ein elektrischer Spannungsabfall an einem Josephson-Kontakt immer mit einer Hochfrequenz-Oszillation des Suprastroms zwischen beiden Elektroden des Kontakts verbunden ist. Hierbei entspricht einer Spannung von 10^{-3} V eine Oszillationsfrequenz von 483,6 GHz. Wird auf der anderen Seite ein stromdurchflossener Josephson-Kontakt mit einer hochfrequenten elektromagnetischen Welle, beispielsweise mit einer Mikrowelle, bestrahlt, dann treten am Kontakt ausgeprägte elektrische Spannungsplateaus auf. Die zweite Josephson-Gleichung bestimmt hierbei durch die Frequenz der eingestrahlten elektromagnetischen Welle den Wert des Spannungsplateaus. Da sich Frequenzen sehr genau messen lassen, wird diese Quantenbeziehung zwischen Frequenz und elektrischer Spannung seit dem 01.01.1990 für die gesetzliche Definition der elektrischen Spannungseinheit durch die staatlichen Eichämter verwendet. Auf der Basis dieses Josephson-Spannungsnormals entspricht einer Spannung von einem Volt die Frequenz 483597,9 GHz. Auf diese Weise ist der Josephson-Effekt Teil des berühmten *Quantendreiecks* von Strom, Spannung und Widerstand für die Definition der elektrischen Maßeinheiten.

Bei den Hochtemperatur-Supraleitern haben besonders die gegenüber den klassischen Supraleitern relativ hohen Werte der kritischen Temperatur der Suche nach ihren technischen Anwendungen großen Auftrieb verliehen. Die Möglichkeit, die Supraleitung schon bei Abkühlung auf 77 K mit flüssigem Stickstoff zu nutzen, ist besonders attraktiv. In Abschn. 9.3 hatten wir die Fabrikation von Josephson-Kontakten und SQUIDs auf Bikristall-Substraten in dünnen Schichten von Hochtemperatur-Supraleitern erwähnt. Die Methode wird heute häufig verwendet. Hochfrequenzfilter aus Hochtemperatur-Supraleiterschichten sind interessant, da sie eine größere Frequenzschärfe der Hochfrequenzkanäle aufweisen, sodass innerhalb des verfügbaren Frequenzbands deutlich mehr Kanäle unterzubringen sind. Beispielsweise werden weltweit bereits mehr als 10.000 Basis-Stationen für den mobilen Telefonverkehr mit dieser Technologie betrieben. Die Abkühlung auf etwa 70 K erfolgt hierbei durch sog. Kryocooler, die in den letzten Jahren für die zuverlässige Kälteerzeugung entwickelt wurden und die für lange Zeiten wartungsfrei laufen können.

12.2 Starkstromtechnik

Die Anwendungen der Supraleitung in der Starkstromtechnik, beispielsweise für Magnetspulen oder Kabel, wurde erst möglich, als in den 1960er Jahren neue Supraleitermaterialien mit höheren Werten der kritischen elektrischen Stromdichte und des oberen kritischen Magnetfelds H_{C2} entdeckt wurden. Im Mittelpunkt standen dann die Verbindungen NbTi mit $T_C = 9{,}6$ K und Nb_3Sn mit $T_C = 18$ K. Dünne Schichten der Verbindung Nb_3Ge erreichten damals bei den klassischen Supraleitern den Rekordwert der kritischen Temperatur mit $T_C = 23{,}2$ K. Für die industrielle Fertigung wurden rasch spezielle Zieh- und Strangpressverfahren sowie optimierte Glühbehandlungen und Kaltverformungen entwickelt. Berühmt wurden die sog. „Vielkerndrähte", die aus vielen dünnen Filamenten des Supraleitermaterials innerhalb einer Kupfer-Matrix bestehen. Diese Technik garantiert eine gewisse Stabilität bei Überlastung und liefert gleichzeitig genügend Haftzentren für die Verankerung der magnetischen Flussquanten im Supraleitermaterial.

Supraleitende Magnetspulen sind heute ein wichtiges Produkt, besonders für die Forschung. In Abb. 12.3 zeigen wir zwei Beispiele. Große Strahlführungsmagnete für Teilchenbeschleuniger und die dazu gehörigen Teilchen-Detektorsysteme sind heute unverzichtbar. Der „Large Hadron Collider" (LHC) am European Nuclear Research Center (CERN) in Genf ist als der weltweit größte auf Supraleitung basierende Teilchenbeschleuniger seit einigen Jahren in Betrieb.

Abb. 12.3 Supraleitende Magnetspulen. **(links)** Kommerziell erhältliche Spule für Forschungszwecke. Die Spule ist aus Niob-Titan(NbTi)-Draht gewickelt und kann ein Magnetfeld bis 9 T (etwa das Einmillionenfache des Erdmagnetfelds) erzeugen. (Oxford). **(rechts)** Supraleitende Modellspule mit ihrem Testaufbau für ein magnetisches Toroidalfeld beim Einfahren in den Kryobehälter einer Versuchsanlage am Forschungszentrum Karlsruhe. Die Versuchsanlage dient zur Entwicklung der Technik für den magnetischen Plasmaeinschluss bei der Kernfusion. Die Außenabmessungen der ovalen Modellspule betragen 2,55 m × 3,60 m × 0,58 m. Im Betrieb fließt ein elektrischer Strom von 80.000 Ampère durch die Spule. Die gesamte Testanordnung wiegt 107 Tonnen und ist auf 4,5 K abzukühlen. Der Kryobehälter hat einen nutzbaren Innendurchmesser von 4,3 m und eine nutzbare Höhe von 6,6 m (Forschungszentrum Karlsruhe)

Eine weitere großtechnische Anwendung der Supraleitung finden wir beim magnetisch levitierten Schwebezug. In letzter Zeit hat besonders das japanische JR-Maglev-Projekt gute Fortschritte erzielt. 2015 wurde bei Tests eine Geschwindigkeit oberhalb 600 km/h erzielt. Im Zug sind supraleitende Spulen montiert, die Magnetfelder oberhalb 5 T erzeugen. In das Gleisbett sind elektrisch gut leitende Stromschleifen eingebaut, in denen beim Vorbeifahren des Zuges starke Wirbelströme erzeugt werden. Aufgrund der Lenz'schen Regel bewirkt das Magnetfeld der Wirbelströme eine Abstoßungskraft auf das Feld der Spulen und somit die

levitierende Kraft. Da diese Abstoßung erst oberhalb einer bestimmten Minimal-
geschwindigkeit genügend stark ist, muss der Zug zunächst auf Rädern laufen,
die eingezogen werden, wenn diese Geschwindigkeit erreicht ist.

Ein bedeutender Markt für die Supraleitungstechnik hat sich in den letzten
30 Jahren aufgrund der Supraleitungsmagnete für die Kernspintomografie entwickelt. Dabei hat geholfen, dass Anfang der 1980er Jahre die Gesundheitsbehörden
die Kernspintomografie für die medizinische Diagnostik erlaubt haben. Der Jah-
resumsatz der Industrie auf diesem Gebiet beträgt heute 2–3 Mrd. EUR.

Auch supraleitende Energieübertragungskabel mit klassischen Supraleitern
wurden schon seit den 1970er Jahren innerhalb verschiedener Pilotprojekte unter-
sucht. Dabei war die Kühlung mit flüssigem Helium vorgesehen. Supraleitende
Energieübertragungskabel sind besonders dort interessant, wo in Ballungsgebie-
ten die üblichen Freileitungen nicht möglich sind.

Supraleitende magnetische Energiespeicher auf der Basis von mit Gleichstrom
betriebenen Magnetspulen sind eine interessante Technologie zur Speicherung
von elektrischer Energie. Sie können für die Überbrückung kurzer Unterbrechun-
gen der elektrischen Energieversorgung nützlich sein. Schließlich sind supraleitende Spulen bei der Kernfusion zur Erzeugung der für den Plasmaeinschluss
erforderlichen hohen Magnetfelder unverzichtbar. Für diese langfristige Option
zur Energieversorgung werden heute die größten supraleitenden Magnetsysteme
entwickelt.

Bei den Hochstromanwendungen wird an der Entwicklung von Magnetspulen
aus *Hochtemperatur-Supraleitern* intensiv gearbeitet. Ferner befinden sich supraleitende Systeme zur elektrischen Strombegrenzung in der Energietechnik in
einem aussichtsreichen Entwicklungsstadium. Diese Systeme sollen eine schnelle
Unterbrechung des elektrischen Stroms ermöglichen, wenn durch Überlastung
Schäden an den elektrischen Leitungen drohen. Eine besonders interessante neue
Entwicklung deutet sich gegenwärtig (2015) bei Generatoren aus Hochtemperatur-Supraleitern für die elektrische Stromerzeugung durch Windenergie an. Ihr
geplanter Einsatz würde das Gewicht des am oberen Ende des Masts befindlichen
Generators gegenüber der bisherigen Einrichtung halbieren oder bei gleichem
Gewicht die Leistung verdoppeln.

Literatur

Bennemann, K.H., Ketterson, J.B. (Hrsg.): The Physics of Superconductors, Bd. 1 und 2. Springer, Berlin (2003)

Blatter, G., Feigel'man, M.V., Geshkenbein, V.B., Larkin, A.I., Vinokur, V.M.: Vortices in high-temperature superconductors. Rev. Mod. Phys. **66**, 1125 (1994)

Buckel, W., Kleiner, R.: Supraleitung – Grundlagen und Anwendungen, 7. Aufl. Wiley-VCH, Weinheim (2013)

CCAS Document: Superconductivity – Present and Future Applications

De Gennes, P.G.: Superconductivity of Metals and Alloys. W. A. Benjamin, New York (1966)

Gariglio, S., Gabay, M., Mannhart, J., Triscone, J.-M.: Interface superconductivity. Physica C **514**, 189 (2015)

Goodman, B.B.: Type II superconductors. Rep. Prog. Phys. **29**(2), 445 (1966)

Huebener, R.P.: Magnetic Flux Structures in Superconductors, 2. Aufl. Springer, Berlin (2001)

Ketterson, J.B., Song, S.N.: Superconductivity. Cambridge University Press, Cambridge (1999)

Komarek, P.: Hochstromanwendung der Supraleitung. B. G. Teubner, Stuttgart (1995)

Lynton, E.A.: Superconductivity. Methuen & Co, London (1962)

Parks, R.D. (Hrsg.): Superconductivity, Bd. 1 und 2 Marcel Dekker, New York (1969)

Poole, C., Farach, H.A., Creswick, R.J.: Superconductivity. Academic, New York (1995)

Qi, X.-L., Zhang, S.-C.: Topological insulators and superconductors. Rev. Mod. Phys. **83**, 1057 (2011)

Rickayzen, R.: Theory of Superconductivity. Wiley, New York (1965)

Tinkham, M.: Introduction to Superconductivity, 2. Aufl. McGraw-Hill, New York (1996)

Waldram, J.R.: Superconductivity of Metals and Cuprates. Institute of Physics Publishing, Bristol (1996)

© Springer Fachmedien Wiesbaden GmbH 2017
R.P. Huebener, *Geschichte und Theorie der Supraleiter,* essentials,
DOI 10.1007/978-3-658-19383-6

Historische Entwicklung

Dahl, P.F.: Superconductivity – Its Historical Roots and Development from Mercury to the
    Ceramic Oxides. American Institute of Physics, New York (1992)
Cooper, L.N., Feldman, D. (Hrsg.): BCS – 50 Years. World Scientific, Hackensack (2011)
Rogalla, H., Kes, P.H. (Hrsg.): 100 Years of Superconductivity. CRC Press, Boca Raton
    (2012)

Lesen Sie hier weiter

Printed in the United States
By Bookmasters